MÉMOIRE.

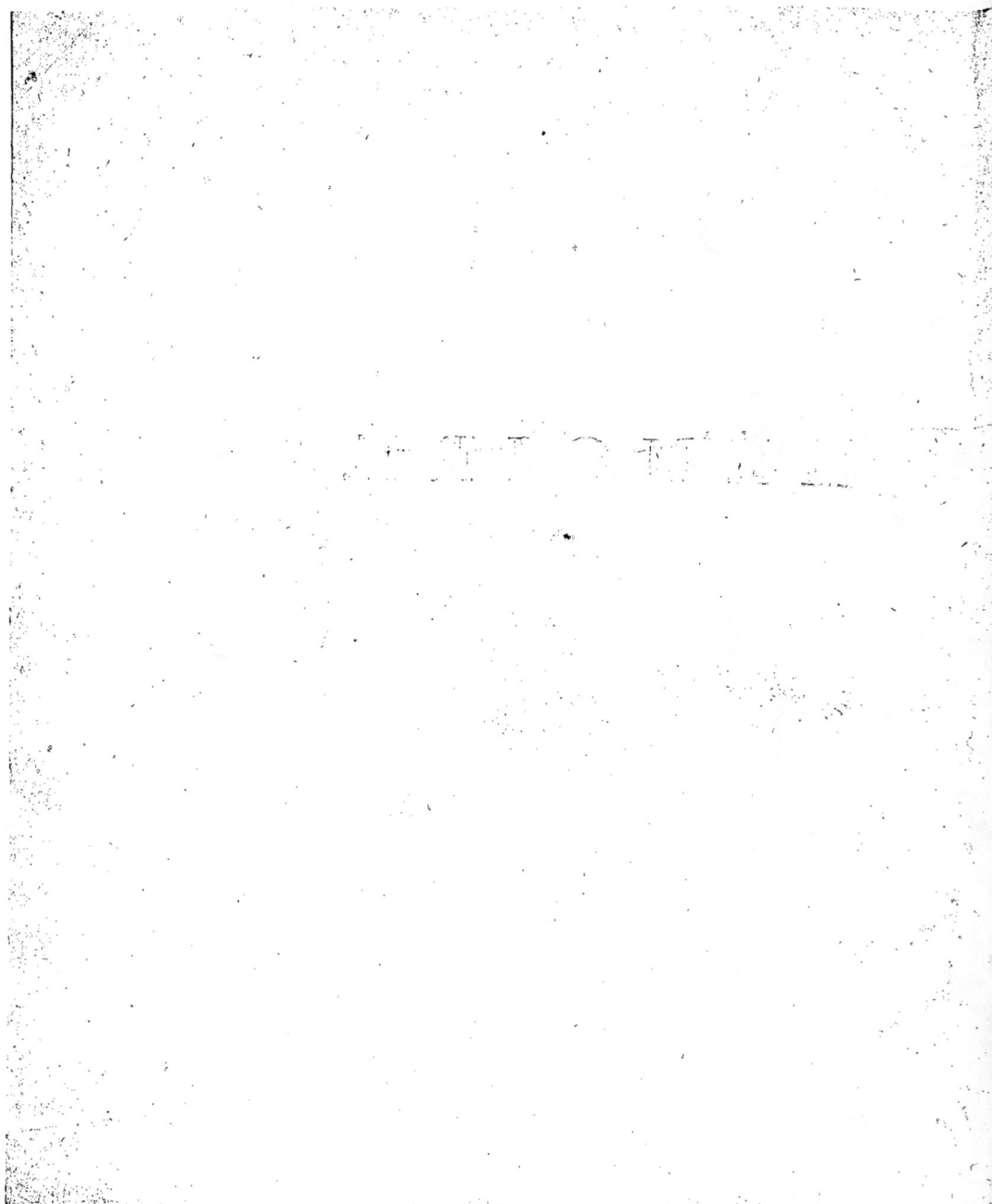

MÉMOIRE

Sur la Relation qui existe entre les distances respectives de cinq points quelconques pris dans l'espace;

SUIVI

D'UN ESSAI

SUR

LA THÉORIE DES TRANSVERSALES,

PAR L. N. M. CARNOT,

De l'Institut National de France, de l'Académie des Sciences, Arts et Belles-Lettres de Dijon, etc.

A PARIS,

Chez COURCIER, Imprimeur-Libraire pour les Mathématiques, quai des Augustins, n° 57.

AN 1806.

MÉMOIRE

Sur la Relation qui existe entre les distances respectives de cinq points quelconques pris dans l'espace;

SUIVI

D'UN ESSAI

SUR LA THÉORIE DES TRANSVERSALES.

Quoique toute figure plane puisse être décomposée en triangles, et que par conséquent la Géométrie à deux dimensions, puisse à la rigueur être ramenée à la Trigonométrie rectiligne seule; comme il faut encore lier ces triangles les uns aux autres pour en former la chaîne, il y a long-temps qu'on a reconnu l'avantage qu'il y aurait à considérer un point de plus; c'est-à-dire, la relation qui existe entre les distances respectives de quatre points quelconques pris dans un même plan. De même, dans la Géométrie aux trois dimensions, quoique tout solide ou polyèdre puisse être décomposé en pyramides triangulaires, et que par conséquent, la théorie de ces pyramides soit fondamentale : comme il faut encore lier les unes aux autres ces pyramides, qui ont chacune quatre sommets ou angles solides; il est à propos, pour compléter cette théorie, de considérer la relation qui existe entre les distances respectives de cinq points pris dans l'espace. Ces distances entre les points comparés deux à deux, sont au nombre de dix; et de ces dix quantités, neuf quelconques étant connues, il est évident que la dixième est déterminée, et peut s'exprimer en valeurs des neuf autres. C'est ce problème que je me suis proposé de résoudre. Pour y parvenir, je suis obligé de traiter plusieurs autres questions préliminaires, et parmi ces questions, il en est qui sont très-intéressantes par elles-mêmes : principalement celle d'exprimer en valeurs des seules arêtes d'une pyramide triangulaire, toutes les parties qui entrent dans la construction de cette pyramide ; savoir, les angles que forment ces arêtes, soit entre elles, soit avec les faces ; ceux qui sont compris entre ces mêmes faces ; la perpendiculaire abaissée de chacun des sommets sur la base opposée, le solide de la pyramide, le rayon de la sphère circonscrite, celui de la sphère inscrite, etc. ; d'où suit la solution de ce problème fondamental de la Géométrie aux trois dimensions, et qui répond au problème général de la Trigonométrie ordinaire dans la Géométrie plane.

Parmi toutes les quantités qui entrent dans la construction d'une pyramide triangulaire, six quelconques étant données suffisantes pour que le reste soit déterminé, trouver toutes les autres.

Les applications les plus essentielles de ce problème suffiraient seules pour fournir la matière d'un grand ouvrage, et cet ouvrage serait infiniment utile : mais je ne m'y arrête ici, qu'autant que cela m'est nécessaire pour arriver au but que je me suis proposé.

J'ai trouvé que plusieurs des problèmes réunis dans cet Opuscule, avaient déjà été résolus par d'autres, particulièrement par Euler dans divers Mémoires imprimés parmi ceux de l'Académie de Pétersbourg, par Lagrange dans ceux de l'Académie de Berlin pour l'an 1773, et par l'abbé de Gua dans ceux de Paris pour l'an 1783 ; mais je n'ai conservé de ces problèmes que le très-petit nombre de ceux qui m'étaient absolument indispensables pour ne pas rompre l'ensemble de mon travail, et je les ai traités conformément à mon but, qui était tout différent de celui de ces illustres géomètres. Le Mémoire de Lagrange renferme les recherches les plus étendues ; mais il ne tend point, comme je le fais ici, à trouver l'expression explicite de toutes les parties de la pyramide en valeurs des seules arêtes, et son objet n'est pas de résoudre le problème général énoncé ci-dessus ; mais de faire connaître, en appliquant à la pyramide l'élégante méthode des projections ou des coordonnées, l'étendue des ressources d'une analyse habilement employée.

J'ai résolu tous mes problèmes par la méthode des triangles; c'est-à-dire, par la seule Trigonométrie, tant rectiligne que sphérique; cependant j'ai cru que, pour compléter mon travail, il convenait de montrer en peu de mots, comment cette méthode peut se lier avec celle des projections, ce qui me donne lieu de résoudre d'une manière nouvelle et qui m'a paru fort simple, le problème général de la transformation des coordonnées dans l'espace, c'est-à-dire, en supposant que les six coordonnées, tant anciennes que nouvelles, fassent entre elles des angles quelconques.

Afin de ne pas obliger le lecteur de recourir à d'autres ouvrages, j'ai donné au commencement, sous forme de lemmes, quelques formules trigonométriques familières, dont j'avais besoin.

Je termine cet écrit par un Essai sur la Théorie des transversales, sujet que j'ai déjà traité ailleurs, mais avec moins de précision. J'ai profité des réflexions qu'ont ajoutées à ce que j'avais déjà dit sur cela, plusieurs savans, principalement Servois, professeur de mathématiques aux Écoles d'Artillerie à Metz, dans son intéressant petit ouvrage intitulé : *Solutions peu connues de divers problèmes de Géométrie-pratique.*

LEMME I.

1. Si dans un triangle rectiligne quelconque, on nomme A, B, C, les trois angles; a, b, c, les côtés respectivement opposés, on aura les formules suivantes :

1°........... $\cos A = \dfrac{b^2 + c^2 - a^2}{2bc}$;

2°......... $\sin A = \dfrac{1}{2bc} \sqrt{(2a^2b^2 + 2a^2c^2 + 2b^2c^2 - a^4 - b^4 - c^4)}$;

3°. La perpendiculaire abaissée de l'angle A sur le côté opposé $= \dfrac{1}{2a} \sqrt{(2a^2b^2 + 2a^2c^2 + 2b^2c^2 - a^4 - b^4 - c^4)}$;

4°. L'aire du triang. $= \dfrac{1}{4} \sqrt{(2a^2b^2 + 2a^2c^2 + 2b^2c^2 - a^4 - b^4 - c^4)}$;

5°. Le rayon du cercle circonscrit. $= \dfrac{abc}{\sqrt{(2a^2b^2 + 2a^2c^2 + 2b^2c^2 - a^4 - b^4 - c^4)}}$,

6°. Le rayon du cercle inscrit. $= \dfrac{1}{2} \sqrt{\dfrac{(a+b-c)(a+c-b)(b+c-a)}{a+b+c}}$.

LEMME II.

2. Si dans un triangle sphérique quelconque, on nomme A, B, C, les trois angles; a, b, c, les côtés respectivement opposés, on aura les formules suivantes :

$$1°\ldots\ldots\ldots\ldots\ldots \cos A = \frac{\cos a - \cos b \cdot \cos c}{\sin b \cdot \sin c} ;$$

$$2°\ldots\ldots\ldots\ldots\ldots \cos a = \frac{\cos A + \cos B \cdot \cos C}{\sin B \cdot \sin C} ;$$

$$3°.\ \left. \begin{array}{l} \text{Le sinus de l'arc abaissé per-} \\ \text{pendiculairement de l'angle} \\ \text{A sur le côté opposé.} \end{array} \right\} = \frac{1}{\sin a} \sqrt{(1 - \cos^2 a - \cos^2 b - \cos^2 c + 2\cos a \cdot \cos b \cdot \cos c)}.$$

LEMME III.

3. Si trois angles quelconques A, B, C, valent ensemble quatre droits ou la circonférence entière; et de même, si l'un d'eux, comme A, se trouve égal à la somme ou à la différence des deux autres; on aura toujours la formule suivante, symétrique entre les cosinus des trois angles

$$1 - \cos^2 A - \cos^2 B - \cos^2 C + 2\cos A \cdot \cos B \cdot \cos C = 0.$$

Si les trois angles A, B, C, valent ensemble deux droits seulement, comme par exemple, les trois angles d'un triangle, ce sera la formule suivante qui aura lieu,

$$1 - \cos^2 A - \cos^2 B - \cos^2 C - 2\cos A \cdot \cos B \cdot \cos C = 0.$$

Enfin si les trois angles A, B, C, ne valent ensemble qu'un seul angle droit, on aura

$$1 - \sin^2 A - \sin^2 B - \sin^2 C - 2\sin A \cdot \sin B \cdot \sin C = 0.$$

Remarque.

4. Il m'arrivera souvent de désigner l'angle compris entre deux droites partant d'un même point comme $\overline{AB}$, $\overline{AC}$, de la manière suivante, $\overline{AB}\,\widehat{\ }\,\overline{AC}$. Cette expression indique en même temps les

directions des lignes de A vers B et de A vers C ; si au contraire on voulait exprimer l'angle que fait la direction $\overline{AB}$ avec la direction contraire à $\overline{AC}$, on écrirait $\overline{AB}\,\widehat{}\,\overline{CA}$ en mettant le C avant l'A, et cet angle serait évidemment le supplément du premier. Si l'on voulait exprimer l'angle formé par les deux directions contraires à $\overline{AB}$, $\overline{AC}$, on écrirait $\overline{BA}\,\widehat{}\,\overline{CA}$, et cet angle redeviendrait ainsi le même que $\overline{AB}\,\widehat{}\,\overline{AC}$.

La même notation a lieu à l'égard des droites qui ne se coupent pas, même lorsqu'elles ne sont pas dans un même plan. Alors on entend par l'angle qu'elles forment, celui qui serait compris entre deux autres droites respectivement parallèles aux premières et partant d'un même point. Ainsi $\overline{AB}$, $\overline{CD}$, étant les directions de deux droites quelconques menées dans l'espace, $\overline{AB}\,\widehat{}\,\overline{CD}$ sera l'angle compris entre ces deux directions, $\overline{BA}\,\widehat{}\,\overline{DC}$ l'angle formé par les directions opposées, et $\overline{AB}\,\widehat{}\,\overline{DC}$ ou $\overline{BA}\,\widehat{}\,\overline{CD}$, l'angle formé par l'une de ces directions et la direction opposée à celle de l'autre droite.

Si l'on désigne l'une de ces droites par m, par exemple, et l'autre par n, l'angle compris entre elles sera exprimé par $m\,\widehat{}\,n$, mais cette expression ne distingue pas cet angle de son supplément.

Enfin si deux surfaces planes sont désignées l'une par M, par exemple, et l'autre par N, l'angle qu'elles formeront entre elles sera exprimé par $M\,\widehat{}\,N$, ainsi des autres.

Cette notation est très-commode, parcequ'elle aide à retrouver facilement les parties de la figure auxquelles se rapportent les expressions qui entrent dans une formule.

FIG. 2.

PROBLÈME I.

5. **D**ES *six droites qui joignent deux à deux quatre points pris dans un même plan; cinq quelconques étant données, trouver la sixième exprimée en valeurs des cinq autres.*

FIG. 3. *Solution.* Soient B, C, D, E, les quatre points proposés : supposant donc que cinq des six droites $\overline{BC}$, $\overline{CD}$, $\overline{BD}$, $\overline{BE}$, $\overline{CE}$, $\overline{DE}$, soient données, il s'agit de trouver la sixième exprimée en valeurs des cinq autres.

Je fais, pour abréger,

$$BC = m, \quad CD = n, \quad BD = p, \quad BE = q, \quad CE = r, \quad DE = s.$$

Cela posé, puisque des trois angles CBD, CBE, DBE, il y en a un qui est la somme des deux autres, nous aurons par le lemme III,

$$1 - \cos^2 CBD - \cos^2 CBE - \cos^2 DBE + 2\cos CBD . \cos CBE . \cos DBE = 0 \dots (A)$$

Or par le lemme I nous avons les trois équations suivantes :

$$\left. \begin{aligned} \cos CBD &= \frac{m^2 + p^2 - n^2}{2mp} \\ \cos CBE &= \frac{m^2 + q^2 - r^2}{2mq} \\ \cos DBE &= \frac{p^2 + q^2 - s^2}{2pq} \end{aligned} \right\} \dots \dots \dots (B)$$

Substituant ces valeurs des cosinus dans l'équation (A) qu'on vient de trouver, exécutant les opérations indiquées et réduisant ; on aura la formule suivante, qui satisfait à la question proposée

$$
\left.\begin{aligned}
&m^4 s^2 + s^4 m^2 + n^4 q^2 + q^4 n^2 + p^4 r^2 + r^4 p^2 \\
&+ m^2 n^2 p^2 + m^2 q^2 r^2 + n^2 r^2 s^2 + p^2 q^2 s^2 \\
&- m^2 n^2 q^2 - m^2 n^2 s^2 - n^2 s^2 q^2 - s^2 q^2 m^2 \\
&- m^2 r^2 s^2 - m^2 p^2 s^2 - p^2 m^2 r^2 - p^2 s^2 r^2 \\
&- n^2 r^2 q^2 - n^2 p^2 q^2 - p^2 q^2 r^2 - p^2 n^2 r^2
\end{aligned}\right\} = 0 \dots \dots \text{(C)}
$$

cette formule exprime la relation existante entre les distances respectives de quatre points quelconques pris sur un même plan ; ou ,
ce qui est la même chose, entre les quatre côtés et les deux diagonales de tout quadrilatère plan. Elle est , comme on le voit,
symétrique entre les six quantités m , n, p, q, r, s ; et comme
chacune d'elles ne s'y trouve élevée qu'au carré et à la quatrième
puissance , l'équation se résoudra toujours comme celles du second
degré , *ce qu'il fallait trouver*.

PROBLÊME II.

6. *Trouver la hauteur d'une pyramide triangulaire en valeurs
de ses six arêtes.*

Solution. Soit ABCD la pyramide triangulaire proposée, A son
sommet, $\overline{AE}$ sa hauteur au-dessus de la base BCD ; il s'agit donc ᶠᴵᴳ. 4.
de trouver cette hauteur $\overline{AE}$, en valeurs des six arêtes $\overline{AB}$, $\overline{AC}$,
$\overline{AD}$, $\overline{BC}$, $\overline{CD}$, $\overline{DE}$.

Du pied E de cette perpendiculaire je mène aux angles B, C, D,
de la base les trois droites $\overline{EB}$, $\overline{EC}$, $\overline{ED}$, qui sont les éloignemens
de perpendicule , et je fais pour abréger :

1°. Les trois arêtes qui partent du sommet

$$\overline{AD} = f, \quad \overline{AB} = g, \quad \overline{AC} = h \, ;$$

2°. Les trois côtés de la base respectivement opposés à ces arêtes

$$\overline{BC} = m, \quad \overline{CD} = n, \quad \overline{DB} = p \, ;$$

3°. Les trois éloignemens de perpendicule

$$\overline{EB} = q, \quad \overline{EC} = r, \quad \overline{ED} = s,$$

4°. La hauteur cherchée

$$\overline{AE} = x.$$

Cela posé, comme j'ai conservé pour le quadrilatère BCDE, les mêmes dénominations que celles que j'avais adoptées dans le problème précédent pour le quadrilatère BCDE (*fig.* 3); la formule (C) de ce problème I sera applicable au cas présent. Or les trois triangles rectangles ABE, ACE, ADE, donnent pour éliminer de cette formule les quantités q, r, s, qui ne doivent point se trouver dans la valeur de x, les trois équations suivantes,

$$q^2 = g^2 - x^2, \quad r^2 = h^2 - x^2, \quad s^2 = f^2 - x^2.$$

Substituant donc ces valeurs de q^2, r^2, s^2, dans la formule (C) du problème précédent, nous aurons la formule suivante qui satisfait à la question proposée.

$$
\begin{aligned}
& x^2(2m^2n^2 + 2m^2p^2 + 2n^2p^2 - m^4 - n^4 - p^4) \\
& + f^4m^2 + m^4f^2 + g^4n^2 + n^4g^2 + h^4p^2 + p^4h^2 \\
& + m^2n^2p^2 + m^2g^2h^2 + n^2f^2h^2 + p^2f^2g^2 \\
& - m^2n^2f^2 - m^2n^2g^2 - m^2f^2g^2 - m^2f^2h^2 \\
& - m^2p^2f^2 - m^2p^2h^2 - n^2f^2g^2 - n^2g^2h^2 \\
& - n^2p^2g^2 - n^2p^2h^2 - p^2g^2h^2 - p^2f^2h^2 = 0 \dots\dots\dots (A)
\end{aligned}
$$

ce qu'il fallait trouver.

COROLLAIRE I.

7. Puisque la formule (A) contient les sept quantités m, n, p, f, g, h, x; il est évident qu'elle résout cette question plus générale :

Parmi les quantités suivantes, savoir, les six arêtes d'une pyramide triangulaire et sa hauteur au-dessus de l'une des faces, six quelconques étant données, trouver la septième.

COROLLAIRE II.

8. Si l'on suppose que les trois arêtes montantes f, g, h, soient égales entre elles, la formule se réduira à

$$(f^2 - x^2)(2m^2n^2 + 2m^2p^2 + 2n^2p^2 - m^4 - n^4 - p^4) - m^2n^2p^2 = 0, \dots (B)$$

ce qu'il est d'ailleurs facile d'appercevoir : car $f^2 - x^2$ étant égal à s^2, à r^2 et à q^2, à cause de $f = g = h$; s, r, q, seront trois rayons du cercle circonscrit à la base BCD. Or par le lemme I, on a en effet

$$s^2(2m^2n^2 + 2m^2p^2 + 2n^2p^2 - m^4 - n^4 - p^4) - m^2n^2p^2 = 0,$$

équation qui revient au même que la formule (B), à cause de $s^2 = f^2 - x^2$.

Si l'on supposait aussi les trois côtés m, n, p, de la base égaux entre eux, la formule (B) se réduirait à

$$x^2 = f^2 - \tfrac{1}{3}m^2; \dots\dots\dots\dots\dots (C)$$

et enfin si l'on suppose $f = m$, on aura

$$x^2 = \tfrac{2}{3}m^2, \dots\dots\dots\dots\dots\dots (D)$$

c'est le cas du tétraèdre régulier.

PROBLÊME III.

9. *Trouver la solidité d'une pyramide triangulaire en valeurs de ses six arêtes.*

Solution. Soient, comme dans le problème précédent,

m, n, p, les trois côtés ou arêtes de la base,
f, g, h, les trois arêtes montantes respectivement opposées,
x........ la hauteur de la pyramide au-dessus de la base BCD,
S........ la solidité cherchée.

FIG. 4.

Le solide ou volume d'une pyramide étant égal au produit de la base par le tiers de la hauteur, nous aurons

$$S = \tfrac{1}{3} x \cdot BCD.$$

Or par le lemme I, on a

$$BCD = \tfrac{1}{4} \sqrt{(2m^2n^2 + 2m^2p^2 + 2n^2p^2 - m^4 - n^4 - p^4)}.$$

Substituant cette valeur de BCD dans l'équation précédente,

2

élevant ensuite tout au carré, puis substituant dans le résultat la valeur de x^2 tirée de la formule (A) du problème précédent, on aura là formule suivante qui satisfait à la question proposée,

$$9.16.S^2 + f^4m^2 + m^4f^2 + g^4n^2 + n^4g^2 + h^4p^2 + p^4h^2$$
$$+ m^2n^2p^2 + m^2g^2h^2 + n^2f^2h^2 + p^2f^2g^2$$
$$- m^2n^2f^2 - m^2n^2g^2 - m^2f^2g^2 - m^2f^2h^2$$
$$- m^2p^2f^2 - m^2p^2h^2 - n^2f^2g^2 - n^2g^2h^2$$
$$- n^2p^2g^2 - n^2p^2h^2 - p^2g^2h^2 - p^2f^2h^2 = 0, \dots\dots(A)$$

ce qu'il fallait trouver.

COROLLAIRE I.

10. Puisque la formule (A) contient les sept quantités m, n, p, f, g, h, S; il est évident qu'elle résout cette question plus générale.

Parmi les sept quantités suivantes; savoir, les six arêtes d'une pyramide triangulaire et le solide de cette pyramide, six quelconques étant données, trouver la septième.

COROLLAIRE II.

11. Si l'on suppose que les trois arêtes montantes f, g, h, soient égales entre elles, la formule se réduira à

$$9.16S^2 = f^2(2m^2n^2 + 2m^2p^2 + 2n^2p^2 - m^4 - n^4 - p^4) - m^2n^2p^2 \dots(B)$$

Si l'on suppose aussi les trois côtés m, n, p, de la base égaux entre eux, la formule (B) se réduira à

$$9.16.S^2 = 3f^2m^4 - m^6; \dots\dots\dots\dots\dots (C)$$

et enfin si l'on suppose $f = m$, ce qui est le cas du tétraèdre régulier, on aura

$$S = \frac{1}{6\sqrt{2}}m^2 \dots\dots\dots\dots\dots (D).$$

PROBLÈME IV.

12. *Exprimer le rayon de la sphère circonscrite à une pyramide triangulaire, en valeurs de ces six arêtes.*

Solution. Soient, comme dans les problèmes précédens,

m, p, n, les trois côtés ou arêtes de la base ;

f, g, h, les trois arêtes montantes respectivement opposées ;

S........ le solide de la pyramide ;

R .... le rayon cherché de la sphère circonscrite.

FIG. 4.

Si du centre de cette sphère on imagine des droites menées aux quatre angles solides de la pyramide, ces droites qui seront elles-mêmes autant de rayons, partageront cette pyramide en quatre autres, dont on trouvera la solidité chacune en particulier par la formule (B) du problème précédent (11). Ajoutant donc ces quatre solidités partielles, et égalant leur somme à la solidité entière, donnée par la formule (A) du même problème, on aura, réduction faite après un long calcul, la formule suivante, qui satisfait à la question proposée

$$4R^2 (f^4m^2 + m^4f^2 + g^4n^2 + n^4g^2 + h^4p^2 + p^4h^2$$
$$+ m^2g^2h^2 + p^2f^2g^2 + n^2f^2h^2 + m^2n^2p^2$$
$$- m^2n^2g^2 - n^2p^2g^2 - n^2f^2g^2 - m^2f^2g^2$$
$$- n^2g^2h^2 - p^2g^2h^2 - m^2n^2f^2 - m^2p^2f^2$$
$$- n^2p^2h^2 - m^2p^2h^2 - m^2f^2h^2 - p^2f^2h^2)$$
$$+ 2n^2p^2g^2h^2 + 2m^2p^2f^2h^2 + 2m^2n^2f^2g^2$$
$$- m^4f^4 - g^4n^4 - h^4p^4 = 0 \ldots\ldots\ldots\ldots\ldots (A)$$

ce qu'il fallait trouver.

COROLLAIRE I.

13. Puisque la formule (A) contient les sept quantités m, n, p, f, g, h, R, il est évident qu'elle résout cette question plus générale :

Parmi les sept quantités suivantes ; savoir, les six arêtes d'une pyramide triangulaire et le rayon de la sphère circonscrite, six quelconques étant données, trouver la septième.

COROLLAIRE II.

14. Si l'on suppose que toutes les arêtes de la pyramide soient égales entre elles, ce qui est le cas du tétraèdre régulier, et que m soit prise pour représenter l'une quelconque de ces arêtes, on aura

$$R = m \sqrt{\tfrac{3}{8}} \dots\dots\dots\dots\dots (B).$$

PROBLEME V.

15. *Trouver le rayon de la sphère inscrite à une pyramide triangulaire, en valeurs des six arêtes.*

Solution. Soient, comme dans les problèmes précédens,

m, n, p, les trois côtés ou arêtes de la base;

f, g, h, les trois arêtes montantes respectivement opposées;

S........ le solide de la pyramide;

r........ le rayon cherché de la sphère inscrite.

Si du centre de cette sphère on imagine des droites menées aux quatre angles de la pyramide, ces droites partageront le solide ou volume de cette pyramide en quatre autres pyramides partielles, qu'on trouvera chacune en particulier, en multipliant sa base par le tiers de sa hauteur, qui est le rayon cherché. Donc la pyramide proposée étant la somme de toutes ces pyramides partielles, on aura

$$S = \tfrac{1}{3} r\,(BCD + ABC + ABD + ACD)\dots\dots\dots (A)$$

Mais par le lemme I, on a chacune des aires BCD, ABC, ABD, ACD, en valeurs des six arêtes de la pyramide, et par le problème III (9) on a le solide S de la pyramide entière; substituant donc dans l'équation (A) toutes ces valeurs, nous aurons la formule suivante, qui satisfait à la question proposée:

$$r(\sqrt{(2m^2n^2+2m^2p^2+2n^2p^2-m^4-n^4-p^4)}+\sqrt{(2g^2h^2+2g^2m^2+2h^2m^2-g^4-h^4-m^4)}$$
$$+\sqrt{(2f^2g^2+2f^2p^2+2g^2p^2-f^4-g^4-p^4)}+\sqrt{(2f^2h^2+2f^2n^2+2h^2n^2-f^4-h^4-n^4)}$$
$$=\sqrt{(m^2n^2f^2+m^2n^2g^2+m^2f^2g^2+m^2f^2h^2+m^2p^2f^2+m^2p^2h^2+n^2f^2g^2+n^2g^2h^2}$$
$$+n^2p^2g^2+n^2p^2h^2+p^2g^2h^2+p^2f^2h^2-f^4m^2-m^4f^2-g^4n^2-n^4g^2-h^4p^2-p^4h^2}$$
$$-m^2g^2h^2-n^2f^2h^2-p^2f^2g^2-m^2n^2p^2),\dots\dots\dots\dots\dots\dots\dots\text{(B)}$$

ce qu'il fallait trouver.

16. Lagrange observe très-bien, qu'indépendamment de la sphère inscrite, il y en a quatre autres, qui sont aussi bien qu'elle tangentes, chacune aux quatre faces de la pyramide, mais qu'alors il y a toujours une de ces quatre faces qui n'est qu'extérieurement tangente à la sphère. Il est aisé, d'après cela, de trouver le rayon de ces quatre nouvelles sphères; car il n'y a qu'à regarder comme négative celle des faces à laquelle la sphère est extérieurement tangente, c'est-à-dire, donner successivement le signe — à chacun des radicaux qui les expriment. Par exemple, si l'on veut trouver le rayon de la sphère qui *touche intérieurement* les trois faces ABC, ABD, ACD, et extérieurement la face BCD, il n'y aura qu'à donner dans la formule précédente (B) le signe — au radical $\sqrt{(2m^2n^2+2m^2p^2+2n^2p^2-m^4-n^4-p^4)}$ qui exprime (lemme I) quatre fois l'aire du triangle BCD, ainsi des autres.

COROLLAIRE I.

17. Puisque la formule (B) contient les sept quantités m, n, p, f, g, h, r; il est évident qu'elle résout cette question plus générale :

Parmi les sept quantités suivantes ; savoir, les six arêtes d'une pyramide triangulaire, et le rayon de la sphère inscrite ; six quelconques étant données, trouver la septième.

COROLLAIRE II.

18. Si l'on suppose que toutes les arêtes de la pyramide soient égales entre elles, ce qui est le cas du tétraèdre régulier, et que m soit prise pour représenter l'une quelconque de ces arêtes, on aura

$$r = m\sqrt{\tfrac{1}{24}}\dots\dots\dots\dots\dots\dots\dots\dots\text{(C)}$$

PROBLEME VI.

19. *Exprimer en valeurs des six arêtes d'une pyramide trian-gulaire, chacun des éloignemens de perpendicule; c'est-à-dire, la distance du pied de chacune de ses perpendiculaires, à chacun des angles de la face sur laquelle elle tombe.*

Solution. Soient, comme dans les problèmes précédens,

fig. 4. m, n, p, les trois côtés ou arêtes de la base;

f, g, h, les trois arêtes montantes respectivement opposées;

x........ la hauteur du sommet A au-dessus de la base BCD;

$\overline{BE}$...... l'éloignement de perpendicule qu'il s'agit de trouver.

Le triangle rectangle ABE donne $\overline{BE}^2 = g^2 - x^2$; substituant dans cette équation la valeur de x^2 trouvée (6), on aura la formule suivante qui satisfait à la question proposée,

$$\overline{BE}^2 (2m^2n^2 + 2m^2p^2 + 2n^2p^2 - m^4 - n^4 - p^4) =$$
$$2m^2p^2g^2 + g^2m^2n^2 + g^2n^2p^2 - m^4g^2 - p^4g^2$$
$$+ f^4m^2 + m^4f^2 + g^4n^2 + p^4h^2 + h^4p^2$$
$$+ m^2n^2p^2 + m^2p^2h^2 + n^2f^2h^2 + p^2f^2g^2$$
$$- m^2n^2f^2 - m^2n^2g^2 - m^2f^2g^2 - m^2f^2h^2$$
$$- m^2p^2f^2 - m^2p^2h^2 - n^2f^2g^2 - n^2g^2h^2$$
$$- n^2p^2h^2 - p^2g^2h^2 - p^2f^2h^2 \dots\dots\dots\dots\dots (A)$$

ce qu'il fallait trouver.

COROLLAIRE.

20. Puisque la formule (A) contient les sept quantités m, n, p, f, g, h, $\overline{BE}$, il est évident qu'elle résout cette question plus générale :

Parmi les sept quantités suivantes; savoir, les six arêtes d'une pyramide triangulaire, et l'un quelconque des douze éloignemens de perpendicule; six quelconques étant données, trouver la sep-tième.

PROBLEME VII.

21. *Exprimer en valeurs des six arêtes d'une pyramide trian-*
gulaire, la distance du pied de chacune des perpendiculaires, aux
trois côtés de la face sur laquelle elle tombe.

Solution. Soient, comme dans les problèmes précédens,

m, n, p, les trois côtés ou arêtes de la base ;   FIG. 5.

f, g, h, les trois arêtes montantes respectivement opposées ;

x . . . . la hauteur du sommet A au-dessus de la base BCD ;

$\overline{EF}$ . . . . . . la distance cherchée du pied E de la perpendiculaire $\overline{AE}$

au côté $\overline{BC}$ de la base opposée BCD.

Du sommet A je mène $\overline{AF}$. Par le lemme I, j'ai la valeur de $\overline{AF}$
qui est perpendiculaire à $\overline{BC}$, et par le problème II (6), j'ai la
hauteur $\overline{AE}$ ou x. Substituant donc ces valeurs de $\overline{AF}$ et x dans
l'équation

$$\overline{EF}^2 = \overline{AF}^2 - x^2$$

que donne le triangle rectangle AFE, nous aurons la formule
suivante qui satisfait à la question proposée,

$$\overline{EF}^2 \left(2m^2n^2 + 2m^2p^2 + 2n^2p^2 - m^4 - n^4 - p^4\right) =$$
$$\tfrac{1}{4m^2}\left(2m^2n^2 + 2m^2p^2 + 2n^2p^2 - m^4 - n^4p^4\right)\left(2g^2h^2 + 2g^2m^2 + 2h^2m^2 - g^4 - h^4 - m^4\right)$$
$$+ m^4f^2 + f^4m^2 + n^4g^2 + g^4n^2 + p^4h^2 + h^4p^2 + m^2n^2p^2 + m^2g^2h^2 + n^2f^2h^2 + p^2f^2g^2$$
$$- m^2n^2f^2 - m^2n^2g^2 - m^2f^2g^2 - m^2f^2h^2 - m^2p^2f^2 - m^2p^2h^2 - n^2f^2g^2 - n^2g^2h^2 - n^2p^2g^2$$
$$- p^2g^2h^2 - p^2h^2f^2 \dots\dots\dots\dots\dots\dots\dots\dots\dots\dots\dots\dots (A)$$

COROLLAIRE.

22. Puisque la formule (A) contient les sept quantités m, n, p,
f, g, h, $\overline{EF}$; il est évident qu'elle résout cette question plus générale :

Parmi les sept quantités suivantes ; savoir, les six arêtes d'une pyramide triangulaire et la distance du pied de l'une quelconque des perpendiculaires à l'un des côtés de la base opposée ; six quelconques étant données, trouver la septième.

PROBLÈME VIII.

23. *Exprimer en valeurs des six arêtes d'une pyramide triangulaire, la distance de chacun de ses sommets au centre de gravité de cette pyramide.*

Solution. Soient, comme dans les problèmes précédens,

FIG. 4. m, n, p, les trois côtés ou arêtes de la base;

f, g, h, les trois arêtes montantes respectivement opposées;

y, ... la distance cherchée du sommet A par exemple, au centre de gravité.

Par les propriétés connues des centres de figure ou de gravité, le carré de la distance de ce point à un autre point quelconque de l'espace, est égal à la somme des carrés des distances de cet autre point à tous ceux du système, multipliée par le nombre total des points de ce même système, moins la somme des carrés des distances respectives de tous ces points comparés deux à deux, le tout divisé par le carré du nombre total des points.

Or le nombre total des points du système, c'est-à-dire des sommets, est ici de quatre. Donc en prenant A pour le point de l'espace auquel on rapporte tous ces points du système, on aura

$$y^2 = \frac{4(f^2 + g^2 + h^2) - (m^2 + n^2 + p^2 + f^2 + g^2 + h^2)}{16},$$

ou en réduisant

$$16 y^2 = 3(f^2 + g^2 + h^2) - (m^2 + n^2 + p^2), \ldots \ldots (A)$$

ce qu'il fallait trouver.

COROLLAIRE.

24. Puisque la formule (A) contient les sept quantités $m, n, p,$

f, g, h, y; il est évident qu'elle donne la solution de cette question plus générale :

Parmi les sept quantités suivantes ; savoir, les six arêtes d'une pyramide triangulaire et la distance de l'un quelconque de ses sommets à son centre de gravité; six quelconques étant données, trouver la septième.

PROBLEME IX.

25. *Exprimer en valeurs des arêtes d'une pyramide triangulaire, tous les angles formés par ces arêtes, deux à deux, aux quatre sommets de cette pyramide.*

Solution. Soient, comme dans les problèmes précédens,

m, n, p..... les trois côtés ou arêtes de la base ;

FIG. 4.

f, g, h..... les trois arêtes montantes respectivement opposées,

BAC ou $\widehat{g\,h}$, l'un des angles cherchés.

Cet angle étant l'un de ceux du triangle ABC, dont les trois côtés sont donnés, se trouvera immédiatement par le lemme I, sans que les arêtes f, n, p, entrent dans sa valeur, et l'on aura

$$\cos \widehat{g\,h} + \frac{g^2 + h^2 - m^2}{2gh} \dots\dots\dots\dots\dots\dots (A)$$

et ainsi de chacun des onze autres angles du même genre qui entrent dans la cónstruction de la pyramide. *Ce qu'il fallait trouver.*

COROLLAIRE.

26. La formule précédente donne, en l'appliquant successivement aux trois angles du sommet A, les trois équations suivantes :

$$\left.\begin{array}{l} 2gh \cos \widehat{g\,h} = g^2 + h^2 - m^2 \\ 2fg \cos \widehat{f\,g} = f^2 + g^2 - p^2 \\ 2fh \cos \widehat{f\,h} = h^2 + f^2 - n^2 \end{array}\right\} \dots\dots\dots\dots (B)$$

Ajoutant ensemble toutes ces équations, on aura

$$2gh\cos \widehat{g\,h} + 2fg\cos \widehat{f\,g} + 2fh\cos \widehat{f\,h} = 2f^2 + 2g^2 + 2h^2 - m^2 - n^2 - p^2 \dots (C)$$

5

Si l'on compare cette équation avec la formule du problème précédent, et qu'on retranche l'une de l'autre, on aura

$$16y^2 = f^2 + g^2 + h^2 + 2fg\cos\widehat{f\,g} + 2fh\cos\widehat{f\,h} + 2gh\cos\widehat{g\,h}\ldots\ldots(D)$$

ce qui donne la solution de ce problème.

Parmi les sept quantités suivantes ; savoir, les trois arêtes qui partent du même sommet dans une pyramide triangulaire, les trois angles compris entre ces arêtes deux à deux, et la distance de ce sommet au centre de gravité de la pyramide ; six quelconques étant données, trouver la septième.

PROBLÈME X.

27. *Exprimer en valeurs des six arêtes d'une pyramide triangulaire, l'angle formé par celles de ces arêtes qui sont respectivement opposées deux à deux ; c'est-à-dire (vu qu'elles ne sont pas dans un même plan), l'angle que ferait avec l'une d'elles, la droite menée parallélement à l'autre, de l'un quelconque des points de la première.*

Solution. Je garde les dénominations du problème précédent : les arêtes respectivement opposées étant g et n, h et p, f et m ; proposons-nous, par exemple, de trouver l'angle formé par g et n, c'est-à-dire, l'angle que formerait avec g ou $\overline{AB}$, une droite menée du point B parallélement à n ou $\overline{CD}$, angle que, d'après la notation expliquée (4), je désigne par $\overline{AB}\widehat{}\overline{CD}$ ou $\widehat{g\,n}$.

Pour rendre la figure plus nette, traçons-la de nouveau (fig. 6) avec la parallèle dont nous venons de parler, et soit $\overline{BO}$ cette parallèle au côté $\overline{CD}$.

Concevons une surface sphérique qui ait son centre au point B, et qui soit rencontrée par les droites $\overline{BA}$, $\overline{BO}$, $\overline{BD}$, $\overline{BC}$, aux points a, o, d, c, respectivement. Les plans qui contiennent ces droites deux à deux, formeront sur cette surface sphérique, un triangle sphérique ado, qui aura avec le premier acd, un angle commun en c. Cela posé, par le lemme II, les deux triangles sphériques adc, aco, donneront les deux valeurs suivantes pour le cosinus de l'angle acd qui leur est commun :

$$\cos acd = \frac{\cos ad - \cos ac . \cos cd}{\sin ac . \sin cd},$$

$$\cos acd = \frac{\cos ao - \cos ac . \cos co}{\sin ac . \sin co};$$

égalant ces deux valeurs, et réduisant, on aura

$$(\cos ao - \cos ac . \cos co)\sin cd = (\cos ad - \cos ac . \cos cd)\sin co \dots.(A)$$

mais il est évident que $ac = \stackrel{\frown}{ABC}$, $co = \stackrel{\frown}{OBC} = $ supp. $\stackrel{\frown}{BCD}$, $cd = \stackrel{\frown}{CBD}$, $ad = \stackrel{\frown}{ABD}$.

Or tous ces angles sont connus et faciles à exprimer en valeurs des arêtes de la pyramide; il n'y a donc plus rien d'inconnu dans l'équation précédente (A), que l'arc cherché ao qui est la mesure de l'angle cherché $\stackrel{\frown}{BA}\stackrel{\frown}{CD}$ ou $\stackrel{\frown}{g\ n}$.

L'équation précédente devient donc

$$(\cos \stackrel{\frown}{g\ n} + \cos \stackrel{\frown}{ABC}.\cos \stackrel{\frown}{BCD})\sin \stackrel{\frown}{CBD} =$$
$$(\cos \stackrel{\frown}{ABD} - \cos \stackrel{\frown}{ABC}.\cos \stackrel{\frown}{CBD})\sin \stackrel{\frown}{BCD} \dots\dots\dots(B)$$

d'où l'on tire $\cos \stackrel{\frown}{g\ n}$ par une équation du premier degré en valeurs de ABC, BCD, CBD, ABC. Mais puisque nous voulons avoir cette inconnue en valeurs des arêtes seules de la pyramide, il faut chercher ces angles en valeurs des arêtes. Or, par le lemme I, nous avons (fig. 3)

$$\cos \stackrel{\frown}{ABC} = \frac{g^2 + m^2 - h^2}{2gm},$$

$$\cos \stackrel{\frown}{BCD} = \frac{m^2 + n^2 - p^2}{2mn};$$

$$\sin \stackrel{\frown}{BCD} = \frac{1}{2mn} \sqrt{(2m^2n^2 + 2m^2p^2 + 2n^2p^2 - m^4 - n^4 - p^4)},$$

$$\cos \stackrel{\frown}{ABD} = \frac{g^2 + p^2 - f^2}{2gp},$$

$$\cos \stackrel{\frown}{CBD} = \frac{m^2 + p^2 - n^2}{2mp},$$

$$\sin \stackrel{\frown}{CBD} = \frac{1}{2mp} \sqrt{(2m^2n^2 + 2m^2p^2 + 2n^2p^2 - m^4 - n^4 - p^4)}.$$

Substituant donc ces valeurs dans l'équation (B), et faisant disparaître les dénominateurs , nous aurons la formule suivante qui satisfait à la question proposée ,

$$2gn \cos \widehat{g\, n} = h^2 + p^2 - f^2 - m^2 \dots\dots\dots (C)$$

ce qu'il fallait trouver.

COROLLAIRE.

28. Puisque la formule (C) contient les sept quantités suivantes, $m , n , p , f , g , h , \widehat{g\, n}$; il est évident qu'elle résout cette question plus générale :

Parmi les sept quantités suivantes ; savoir , les six arêtes d'une pyramide triangulaire , et l'un quelconque des trois angles formés par deux des arêtes opposées ; six quelconques étant données , trouver la septième.

COROLLAIRE II.

29. Si l'on applique la formule (C) aux autres arêtes respectivement opposées m , f, et p , h ; on aura , y compris la formule (C) elle-même , les trois équations suivantes :

$$\left. \begin{aligned} 2gn \cos \widehat{g\, n} &= h^2 + p^2 - f^2 - m^2 \\ 2fm \cos \widehat{f\, m} &= g^2 + n^2 - h^2 - p^2 \\ 2hp \cos \widehat{h\, p} &= f^2 + m^2 - g^2 - n^2 \end{aligned} \right\} \dots\dots\dots (D)$$

Ajoutant ensemble ces trois équations , et réduisant, on aura cette formule symétrique assez remarquable

$$fm \cos \widehat{f\, m} + gn \cos \widehat{g\, n} + hp \cos \widehat{h\, p} = 0 \dots\dots (E)$$

COROLLAIRE III.

30. On peut observer en passant , que si l'on suppose égale à
FIG. 3. zéro la hauteur de la pyramide , le point A tombera sur le point E, et que parconséquent cette pyramide deviendra un quadrilatère plan , sans que les formules (D) cessent de lui être applicables. Or ces formules deviennent

$$2ms \cos \widehat{m \; s} = q^2 + n^2 - r^2 - p^2 \left.\begin{matrix} \\ \\ \\ \end{matrix}\right\}$$
$$2nq \cos \widehat{n \; q} = r^2 + p^2 - s^2 - m^2 \left.\begin{matrix} \\ \\ \end{matrix}\right\} \ldots\ldots\ldots (F)$$
$$2pr \cos \widehat{p \; r} = s^2 + m^2 - q^2 - n^2 \left.\begin{matrix} \\ \\ \end{matrix}\right\}$$

Ces formules peuvent être très-utiles dans la résolution du quadrilatère plan. La dernière, par exemple, donne la solution de
ce problème :

*Connaissant les quatre côtés d'un quadrilatère plan et l'angle
compris entre les deux diagonales, trouver ces deux diagonales.*
Car les inconnues sont ici p, r; et pour les obtenir, il n'y a qu'à
combiner cette dernière des équations (F) avec la formule (C) du
problème I (5).

On résoudrait de même cette autre question :

*Connaissant l'aire d'un quadrilatère plan et ses quatre côtés,
trouver ses deux diagonales.*

En effet, l'aire de ce quadrilatère est, comme l'on sait, la
moitié du produit des diagonales multiplié par le sinus de l'angle
compris; c'est-à-dire, $\frac{1}{2} pr \sin \widehat{p \; r}$. Nommant donc a cette aire
donnée, nous aurons $\frac{1}{2} pr \sin \widehat{p \; r} = a$; divisant cette équation par
la dernière des formules (F), on aura

$$\frac{\cos \widehat{p \; r}}{\sin \widehat{p \; r}}, \text{ ou } \cot \widehat{p \; r} = \frac{s^2 + m^2 - q^2 - n^2}{4 a^2}.$$

Or on connaît toutes les quantités qui entrent dans le dernier
membre de cette équation. On connaîtra donc l'angle $\widehat{p \; r}$, et le
problème reviendra à celui dont nous venons d'indiquer la solution.

PROBLÈME XI.

31. *Exprimer en valeurs des six arêtes d'une pyramide triangulaire tous les angles compris entre les faces de cette pyramide
deux à deux.*

Solution. Soient , comme dans les problèmes précédens ,

ꜰɪɢ. 5. m, n, p , les trois côtés ou arêtes de la base;

f, g, h , les trois arêtes montantes respectivement opposées ;

x........ la hauteur $\overline{AE}$ du sommet A au-dessus de la base BCD;

AFE...... est évidemment l'angle que forment entre elles les deux faces ABC, BCD, dont l'intersection est $\overline{BC}$, et par conséquent l'un de ceux qu'il faut trouver.

Or le triangle rectangle AFE donne $\sin AFE = \dfrac{\overline{AE}}{\overline{AF}}$, ou

$$\sin AFE . \overline{AF} = x.$$

Mais le problème II (6) donne x, et le lemme I donne $\overline{AF}$; substituant donc leurs valeurs dans l'équation précédente, on aura la formule suivante , qui satisfait à la question proposée ,

$$\sin^2 AFE (2m^2n^2 + 2m^2p^2 + 2n^2p^2 - m^4 - n^4 - p^4)(2g^2h^2 + 2g^2m^2 + 2h^2m^2 - g^4 - h^4 - m^4)$$
$$+ 4m^2(m^4f^2 + f^4m^2 + n^4g^2 + g^4n^2 + p^4h^2 + h^4p^2 + m^2n^2p^2 + m^2g^2h^2 + n^2f^2h^2 + p^2f^2g^2$$
$$- m^2n^2f^2 - m^2n^2g^2 - m^2f^2g^2 - m^2f^2h^2 - m^2p^2f^2 - m^2p^2h^2 - n^2f^2g^2 - n^2g^2h^2 - n^2p^2g^2$$
$$- n^2p^2h^2 - p^2g^2h^2 - p^2f^2h^2) = 0 \dots\dots\dots\dots\dots\dots\dots\dots\dots\dots (A)$$

ce qu'il fallait trouver.

COROLLAIRE.

32. Puisque la formule (A) contient les sept quantités m, n, p, f, g, h, AFE, il est évident qu'elle résout cette question plus générale :

Parmi les sept quantités suivantes ; savoir, les six arêtes d'une pyramide triangulaire , et l'un quelconque des six angles compris entre les faces deux à deux ; six quelconques étant données , trouver la septième.

PROBLÈME XII.

33. *Exprimer en valeurs des six arêtes d'une pyramide triangulaire , les douze angles d'inclinaison de ces arêtes sur les faces.*

Solution. Je garde les dénominations du problème précédent; et je me propose de trouver, par exemple, l'angle ABE qui est celui de l'inclinaison de l'arête $\overline{AB}$ sur la face BCD. **FIG. 5.**

J'ai évidemment sin ABE $= \dfrac{\overline{AE}}{\overline{AB}} = \dfrac{x}{g}$; substituant dans cette équation pour x sa valeur donnée par la formule (A) du problème II (6), nous aurons la formule suivante, qui satisfait à la question proposée :

$$\sin^2 ABE . g^2 (2m^2n^2 + 2m^2p^2 + 2n^2p^2 - m^4 - n^4 - p^4)$$
$$+ m^4f^2 + f^4m^2 + n^4g^2 + g^4n^2 + p^4h^2 + h^4p^2$$
$$+ m^2n^2p^2 + m^2g^2h^2 + n^2h^2f^2 + p^2g^2f^2$$
$$- m^2n^2f^2 - m^2n^2g^2 - m^2g^2f^2 - m^2h^2f^2$$
$$- m^2p^2f^2 - m^2p^2h^2 - n^2g^2f^2 - n^2g^2h^2$$
$$- n^2p^2g^2 - n^2p^2h^2 - p^2g^2h^2 - p^2h^2f^2 = 0 \ldots\ldots(A)$$

ce qu'il fallait trouver.

COROLLAIRE.

34. Puisque la formule (A) contient les sept quantités m, n, p, f, g, h, ABE; il est évident qu'elle résout cette question plus générale :

Parmi les sept quantités suivantes ; savoir, les six arêtes d'une pyramide triangulaire, et l'angle d'inclinaison de l'une quelconque des arêtes sur l'une des faces qu'elle rencontre; six quelconques étant données, trouver la septième.

PROBLÈME XIII.

35. *Exprimer en valeurs des six arêtes d'une pyramide triangulaire, les douze angles que font ces arêtes avec les perpendiculaires adjacentes.*

Solution. Je garde les dénominations précédentes, et je me propose de trouver, par exemple, l'angle BAE, qui est celui que forme l'arête $\overline{AB}$ avec la perpendiculaire adjacente $\overline{AE}$.

J'ai évidemment $\cos BAE = \dfrac{\overline{AE}}{\overline{AB}} = \dfrac{x}{g}$.

Substituant dans cette équation pour x, sa valeur donnée par la formule (A) du problème II (6), nous aurons la formule suivante, qui satisfait à la question proposée,

$$\cos^2 BAE \cdot g^2(2m^2n^2+2m^2p^2+2n^2p^2-m^4-n^4-p^4)$$
$$+m^4f^2+f^4m^2+n^4g^2+g^4n^2+p^4h^2+h^4p^2$$
$$+m^2n^2p^2+m^2g^2h^2+n^2h^2f^2+p^2g^2f^2$$
$$-m^2n^2f^2-m^2n^2g^2-m^2g^2f^2-m^2h^2f^2$$
$$-m^2p^2f^2-m^2p^2h^2-n^2g^2f^2-n^2g^2h^2$$
$$-n^2p^2g^2-n^2p^2h^2-p^2g^2h^2-p^2h^2f^2=0\ldots(A)$$

ce qu'il fallait trouver.

COROLLAIRE.

36. Puisque la formule (A) contient les sept quantités m, n, p, f, g, h, BAE; il est évident qu'elle résout cette question plus générale :

Parmi les sept quantités suivantes, savoir les six arêtes d'une pyramide triangulaire, et l'un quelconque des douze angles que forment les perpendiculaires avec les arêtes adjacentes, six quelconques étant données, trouver la septième.

PROBLÈME XIV.

37. *Exprimer en valeurs des six arêtes d'une pyramide triangulaire, les angles formés par chacune des perpendiculaires avec les trois faces adjacentes.*

Solution. Je conserve les dénominations précédentes, et je me

ᶠᴵᴳ. 5. propose, par exemple, de trouver l'angle FAE formé par la perpendiculaire $\overline{AE}$ avec la face adjacente ABC.

J'ai évidemment $\cos FAE = \dfrac{\overline{AE}}{\overline{AF}}$.

Substituant donc dans cette équation la valeur de $\overline{AE}$, ou x tirée de l'équation (A) du problème II (6), et celle de $\overline{AF}$ donnée par le lemme I, nous aurons la formule suivante, qui satisfait à la question proposée,

$$\cos\text{FAE}(2g^2h^2+2g^2m^2+2h^2m^2-g^4-h^4-m^4)(2m^2n^2+2m^2p^2+2n^2p^2-m^4-n^4-p^4)$$
$$+4m^2(m^4f^2+f^4m^2+n^4g^2+g^4n^2+p^4h^2+h^4p^2$$
$$+ m^2n^2p^2 + m^2g^2h^2 + n^2h^2f^2 + p^2g^2f^2$$
$$- m^2n^2f^2 - m^2n^2g^2 - m^2g^2f^2 - m^2h^2f^2$$
$$- m^2p^2f^2 - m^2p^2h^2 - n^2g^2f^2 - n^2g^2h^2$$
$$- n^2p^2g^2 - n^2p^2h^2 - p^2g^2h^2 - p^2h^2f^2) = 0 \dots \dots (A)$$

ce qu'il fallait trouver.

COROLLAIRE.

38. Puisque la formule (A) contient les sept quantités m, n, p, f, g, h, FAE, il est évident qu'elle résout cette question plus générale :

Parmi les sept quantités suivantes, savoir, les six arêtes d'une pyramide triangulaire, et l'un quelconque des douze angles formés par les perpendiculaires et les faces adjacentes, six quelconques étant données, trouver la septième.

PROBLÈME XV.

39. *Exprimer en valeurs des six arêtes d'une pyramide triangulaire, tous les angles que forment entre eux les éloignemens de perpendicule.*

Solution. Je conserve les dénominations précédentes, et je me propose de trouver, par exemple, l'angle BEC, compris entre les ^{FIG. 5.} deux éloignemens de perpendicule $\overline{EB}$, $\overline{EC}$.

Par le lemme 1, nous avons

$$\cos\text{BEC} = \frac{\overline{BE}^2 + \overline{CE}^2 - \overline{BC}^2}{2\overline{BE}\cdot\overline{CE}};$$

4

mais à cause des triangles rectangles ABE , ACE , on a
$\overline{BE}^2 = g^2 - x^2$, $\overline{CE}^2 = h^2 - x^2$, et de plus on a $\overline{BC} = m$; donc l'équation précédente devient

$$\cos BEC = \frac{(g^2 + h^2 - m^2) - 2x^2}{2\sqrt{(g^2 - x^2)(h^2 - x^2)}} \ldots\ldots (A)$$

formule dans laquelle, pour avoir l'inconnue $\cos BEC$ exprimée en valeurs des six arêtes, il n'y a plus qu'à substituer pour x sa valeur donnée par la formule (A) du problème II (6) ; *ce qu'il fallait trouver.*

COROLLAIRE.

40. Puisque ce problème donne la relation des sept quantités m, n, p, f, g, h, BEC, il est évident qu'il résout cette question plus générale :

Parmi les sept quantités suivantes, savoir, les six arêtes d'une pyramide triangulaire, et l'angle compris entre deux quelconques des éloignemens de perpendicule, six quelconques étant données, trouver la septième.

PROBLÈME XVI.

41. *Trouver en valeurs des six arêtes d'une pyramide triangulaire, la plus courte distance de deux quelconques des arêtes opposées, c'est-à-dire, la droite qui est en même temps perpendiculaire à l'une et à l'autre.*

Solution. Je garde les dénominations des problèmes précédens, et je me propose de trouver, par exemple, la plus courte distance
FIG. 5. de $\overline{AB}$ à $\overline{CD}$ ou de g à n.

FIG. 6. Reprenons la figure 6, qui nous a déjà servi à trouver l'angle $g\widehat{}n$, compris entre les deux droites dont nous cherchons maintenant la distance. Puisque, par hypothèse, $\overline{BO}$ est parallèle à $\overline{CD}$, le plan ABO sera aussi parallèle à la même droite $\overline{CD}$, et par conséquent, la distance cherchée est la même que celle d'un point quelconque de la droite $\overline{CD}$, par exemple du point C, à ce plan ABO.

Cela posé, j'abaisse du point C une perpendiculaire $\overline{Cu}$ sur $\overline{BO}$, et je mène $\overline{Au}$; CBAu sera donc une pyramide triangulaire qui, en prenant C pour sommet, aura pour base ABu, et il est évident que la distance cherchée n'est autre chose que la hauteur de cette pyramide. Or nous avons (6) une formule qui nous donne la hauteur d'une pyramide triangulaire en valeurs de ses arêtes. Il n'y a donc qu'à chercher d'abord les six arêtes de la pyramide CBAu, en valeurs des six arêtes de la pyramide proposée ABCD; et les substituer dans la formule dont nous venons de parler.

Or, parmi les six arêtes cherchées de la pyramide CBAu, il y en a déjà trois de connues, savoir, $\overline{AB}$, $\overline{AC}$, $\overline{BC}$, qui lui sont communes avec la pyramide proposée.

Quant aux arêtes $\overline{Cu}$, $\overline{Bu}$, on les a par la proportionnalité des sinus avec les côtés, dans le triangle rectiligne BCu, qui donne $\overline{Cu} = \overline{BC}.\sin CBO = \overline{BC}.\sin BCD$ et $\overline{Bu} = -\overline{BC}.\cos BCD$; il reste donc à trouver $\overline{Au}$.

Mais par le lemme I, nous avons dans le triangle ABu

$$\overline{Au}^2 = \overline{AB}^2 + \overline{Bu}^2 - 2\overline{AB}.\overline{Bu}.\cos ABu.$$

Or $\overline{AB}$ est donnée; $\overline{Bu}$ vient d'être trouvée; et ABO est précisément l'angle $\overline{AB}\widehat{\ }\overline{CD}$, ou $\widehat{g\,n}$ trouvé dans le problème précédent.

Nous avons donc tout ce qu'il faut pour appliquer à la hauteur cherchée de la pyramide CBAu la formule trouvée (6); car, d'après ce qui vient d'être dit, on aura, comme il suit, les six arêtes de cette pyramide en valeurs des six arêtes de la proposée (fig. 5 et 6).

$$\overline{AB} = g, \quad \overline{AC} = h, \quad \overline{BC} = m$$

$$\overline{B\,u} = \frac{1}{2n}(p^2 - m^2 - n^2)$$

$$\overline{C\,u} = \frac{1}{2n}\sqrt{(2m^2n^2 + 2m^2p^2 + 2n^2p^2 - m^4 - n^4 - p^4)}$$

$$\overline{A\,u} = \frac{1}{2n}\sqrt{(n^4 - m^4 - p^4 + 4g^2n^2 + 2m^2p^2 + 2h^2m^2 + 2h^2n^2 + 2f^2p^2 - 2k^4m^2}$$
$$- 2f^2n^2 - 2h^2p^2)}$$

$$\Bigg\}\cdots(A)$$

De ces six arêtes, toutes exprimées en valeurs des données, les trois $\overline{AB}$, $\overline{Bu}$, $\overline{Au}$ sont les côtés de la base ABu, et les trois autres $\overline{Cu}$, $\overline{AC}$, $\overline{BC}$ sont les arêtes montantes, c'est-à-dire, partant du sommet C et respectivement opposées à ces côtés. Donc, pour appliquer au cas présent la formule trouvée (6), il n'y a qu'à y substituer $\overline{AB}$ pour m, $\overline{Bu}$ pour n, $\overline{Au}$ pour p, $\overline{Cu}$ pour f, $\overline{AC}$ pour g et $\overline{BC}$ pour h; c'est-à-dire, mettre dans cette formule, au lieu de m, n, p, f, g, h, les quantités trouvées ci-dessus (A) pour $\overline{AB}$, $\overline{Bu}$, $\overline{Au}$, $\overline{Cu}$, $\overline{AC}$, $\overline{BC}$, respectivement; et alors x exprimera par une équation du deuxième degré sans second terme, et en valeurs des six arêtes de la pyramide proposée, la hauteur cherchée de C, au-dessus de la base ACu, de la nouvelle pyramide $CABu$, ou, ce qui revient au même, la plus courte distance des arêtes opposées $\overline{AB}$, $\overline{CD}$ de la pyramide proposée, dont les trois arêtes à la base sont m, n, p, et les trois arêtes montantes respectivement opposées sont f, g, h; *ce qu'il fallait trouver.*

COROLLAIRE.

42. Puisque ce problème donne la relation de ces sept quantités m, n, p, f, g, h, *distance de* g *à* n, il est évident qu'il résout cette question plus générale:

Parmi ces sept quantités, savoir, les six arêtes d'une pyramide triangulaire, et la distance de deux quelconques des arêtes opposées, six quelconques étant données, trouver la septième.

PROBLÈME XVII.

43. *Exprimer en valeurs des six arêtes d'une pyramide trian-gulaire, l'angle formé par les deux rayons de la sphère cir-conscrite, menés aux extrémités d'une même arête.*

Solution. Je garde les dénominations précédentes, et je me propose de trouver, par exemple, l'angle compris entre les rayons menés du centre de la sphère circonscrite, aux extrémités B, C de l'arête $\overline{BC}$ ou m.

FIG. 4.

Soit m' l'angle cherché. Le triangle formé par les deux rayons en question et le côté $\overline{BC}$ étant isoscèle, nous aurons par la première formule du lemme I, $\cos m' = \frac{2R^2 - m^2}{2R^2}$ ou

$$2(1 - \cos m')R^2 = m^2 \dots\dots\dots(A).$$

Substituant dans cette équation la valeur de R^2 donnée par la formule (A) du problème IV (10), nous aurons

$$(1 - \cos m')(g^4 n^4 + f^4 m^4 + h^4 p^4 - 2g^2 h^2 n^2 p^2 - 2f^2 h^2 m^2 p^2 - 2g^2 f^2 m^2 n^2)$$
$$= 2m^2 \, (g^4 n^4 + n^4 g^2 + f^4 m^2 + m^4 f^2 + h^4 p^2 + p^4 h^2$$
$$- g^2 m^2 n^2 - g^2 n^2 p^2 - g^2 f^2 n^2 - g^2 f^2 m^2 - g^2 h^2 n^2 - g^2 h^2 p^2$$
$$- f^2 m^2 n^2 - f^2 m^2 p^2 - h^2 n^2 p^2 - h^2 m^2 p^2 - f^2 h^2 m^2 - f^2 h^2 p^2) \dots (B)$$

ce qu'il fallait trouver.

COROLLAIRE.

44. Puisque la formule (A) contient les sept quantités m, n, p, f, g, h, m'; il est évident qu'elle donne la solution de cette question plus générale :

Parmi les sept quantités suivantes, savoir, les six arêtes d'une pyramide triangulaire, et l'un quelconque des angles formés au centre de la sphère circonscrite, par les rayons menés aux quatre sommets de la pyramide, six quelconques étant données, trouver la septième.

PROBLÈME XVIII.

45. *Parmi toutes les quantités qui entrent dans la construc-*
tion d'une pyramide triangulaire, six quelconques étant don-
nées, suffisantes pour que le reste soit déterminé, trouver toutes
les autres.

Solution. J'observe d'abord que les six données doivent être
en effet suffisantes pour que tout le reste soit déterminé; car si,
par exemple, on donnait six angles seulement, il est évident qu'on
ne pourrait déterminer la valeur absolue des arêtes, mais seulement leurs rapports, puisque toutes les pyramides semblables ont
les mêmes angles. Il en serait de même, si des six choses données,
il s'en trouvait quatre appartenantes à un même triangle soit
rectiligne, soit sphérique, puisque trois d'entre elles suffisant
pour déterminer la quatrième, c'est en effet comme si l'on ne
donnait que trois de ces quantités, au lieu de quatre.

Cela posé, qu'on cherche par les formules trouvées dans les
problèmes précédens chacune des six données, en valeurs des six
arêtes; qu'ensuite, considérant ces six arêtes comme les inconnues, on tire la valeur de chacune d'elles en données; il n'y aura
plus, pour avoir en valeurs de ces mêmes données, chacune des
autres quantités qui entrent dans la construction de la pyramide,
qu'à substituer dans l'expression que par les problèmes précédens,
on a de cette autre quantité en valeurs des arêtes, l'expression
qu'on vient de trouver de chacune de celles-ci en valeurs des
données; *ce qu'il fallait trouver.*

Remarque.

46. Si l'on voulait se borner à rechercher la relation qui existe
entre les quantités angulaires de la pyramide, cinq de ces quantités suffiraient pour trouver toutes les autres. Par exemple, si
parmi les six angles que forment les faces deux à deux, on
en connaît cinq, il est évident que le sixième sera déterminé;
qu'ensuite avec ces six angles on aura par la seconde formule du
lemme II, tous ceux que forment les arêtes entre elles à chacun

des sommets ; puis par la troisième formule du même lemme, tous ceux que forment les arêtes avec les faces.

Ainsi, de même que nous avons exprimé toutes les parties, tant linéaires qu'angulaires de la pyramide, en valeurs de ses six arêtes ; nous pourrions nous proposer d'exprimer toutes ses parties angulaires seulement, en valeurs des six angles compris entre les faces deux à deux ; pourvu toutefois qu'on ait commencé par établir l'équation de condition qui lie entre eux ces six angles, puisqu'il suffit de cinq d'entre eux pour que le sixième soit déterminé.

47. Au lieu des six angles formés par les faces deux à deux, nous pourrions prendre pour données, six autres angles quelconques : par exemple, ceux que forment deux à deux au centre de la sphère circonscrite, les rayons menés de ce centre aux quatre sommets de la pyramide ; pourvu que l'on commençât encore par établir l'équation de condition qui lie tous ces angles entre eux.

Cette équation serait facile à trouver dans le cas présent, d'après le problème XVII ; car par la formule (A) de ce problème, nous avons

$$m^2 = 2R^2 (1 - \cos m').$$

Par conséquent, en nommant de même n', p', g', h', f', les angles formés respectivement par les deux rayons qui aboutissent aux extrémités des arêtes n, p, g, h, f ; nous aurons les six équations suivantes :

$$\left. \begin{aligned} m^2 &= 2R^2(1 - \cos m') \\ n^2 &= 2R^2(1 - \cos n') \\ p^2 &= 2R^2(1 - \cos p') \\ g^2 &= 2R^2(1 - \cos g') \\ h^2 &= 2R^2(1 - \cos h') \\ f^2 &= 2R^2(1 - \cos f') \end{aligned} \right\} \dots \dots \dots \dots \dots \text{ (B)}.$$

Donc si dans toutes les formules trouvées par la série des problèmes donnés, on substitue pour les quantités m^2, n^2, p^2, g^2, h^2, f^2, qui expriment les carrés des six arêtes, leurs valeurs qu'on vient de trouver (B), on aura l'expression de chacune des quantités du système, en valeurs du seul rayon R de la sphère circonscrite, et des six angles formés au centre par les rayons menés aux quatre sommets de la sphère. Mais comme cela fait sept quantités, et qu'il ne doit y avoir que six données; il faut faire disparaître un de ces six angles par l'équation de condition qui les lie entre eux; il reste donc à trouver cette équation de condition.

Cela sera facile en reprenant la formule (A) du problème IV (12), car si l'on y substitue les valeurs trouvées ci-dessus (B) de m^2, n^2, p^2, f^2, g^2, h^2; il est visible que toute l'équation se trouvera, après la substitution, divisible par R^2; donc celle qui restera sera une simple équation de relation entre les six angles m', n', p', f', g', h'; et c'est ce que l'on cherche. Mais puisque toute l'équation doit être divisible par R^2, il est évident qu'on abrégera l'opération en supposant $R = 1$; c'est-à-dire, en substituant simplement au lieu des quantités m^2, n^2, p^2, g^2, h^2, f^2, celles-ci, $2(1 - \cos m')$, $2(1 - \cos n')$, $2(1 - \cos p')$, $2(1 - \cos g')$, $2(1 - \cos h')$; $2(1 - \cos f')$ ce qui étant exécuté donnera, réduction faite,

$$1 - \cos^2 m' - \cos^2 n' - \cos^2 p' - \cos^2 f' - \cos^2 g' - \cos^2 h'$$
$$+ \cos^2 m' \cos^2 f' + \cos^2 n' \cos^2 g' + \cos^2 p' \cos^2 h' + 2\cos m' \cos n' \cos p'$$
$$+ 2\cos m' \cos g' \cos h' + 2\cos n' \cos h' \cos f' + 2\cos g' \cos h' \cos f'$$
$$- 2\cos m' \cos n' \cos f' \cos g' - 2\cos m' \cos f' \cos p' \cos h'$$
$$- 2\cos n' \cos g' \cos p' \cos h' = 0. \dots\dots\dots\dots\dots\dots (C)$$

Telle est l'équation de condition qui, avec les six trouvées (B), donne le moyen d'exprimer en valeur du rayon R et de cinq quelconques, des angles m', n', p', f', g', h', toutes les quantités du système.

S'il ne s'agit que d'avoir les quantités angulaires; comme alors R doit disparaître, il sera plutôt fait, comme ci-dessus, de supposer $R = 1$. C'est de la relation de ces diverses quantités angulaires seulement, que nous allons maintenant nous occuper; après quoi, nous viendrons à notre question principale qui consiste, suivant le titre de ce Mémoire, à trouver la relation existante entre les distances de cinq points quelconques pris à volonté dans l'espace.

PROBLÈME XIX.

48. Des six arcs de grands cercles qui joignent deux à deux quatre points quelconques pris sur la surface d'une sphère, cinq quelconques étant donnés, trouver le sixième.

Solution. Soient B, C, D, E, les quatre points proposés sur la ꜰɪɢ. 5. surface de la sphère; BC, BD, BE, CD, CE, DE, les six arcs de grands cercles qui joignent ces points deux à deux; il en résultera le quadrilatère sphérique BCDE, dont les quatre côtés sont BC, CD, DE, BE, et les diagonales BD, CE, et il s'agit de trouver la relation qui existe entre ces côtés et ces diagonales.

J'appellerai arcs opposés ceux qui n'ont point d'extrémités communes : ainsi les six arcs du quadrilatère sont opposés deux à deux; savoir, le côté BC au côté DE, le côté CD au côté BE, et la diagonale BD à la diagonale CE; mais on peut considérer dans tout quadrilatère les côtés comme diagonales, et les diagonales comme côtés. Ainsi nous dirons en général que les côtés sont opposés deux à deux, et cela devra s'entendre aussi des diagonales.

Observons, en passant, deux choses : premièrement, que des trois arcs BC, CD, BD qui forment, par exemple, le triangle sphérique BCD, il n'y en a point qui soient opposés entre eux; mais qu'ils sont tous respectivement opposés chacun à chacun des trois arcs *s*, *q*, *r*, qui partent du quatrième angle E; et la même chose a lieu pour chacun des autres triangles BED, CBE, CDE, qui ont leurs sommets aux angles du quadrilatère. Secondement, que si du centre A de la surface sphérique sur laquelle est tracé ꜰɪɢ. 6. le quadrilatère, on imagine des rayons menés aux quatre angles B, C, D, E, ceux de ces rayons qui embrasseront l'un des arcs, seront l'un et l'autre différens des deux rayons qui embrasseront l'autre arc; au lieu que lorsqu'il s'agit d'arcs qui ne sont pas opposés, il y a parmi les rayons qui les embrassent, un de ces rayons qui appartient en même temps aux deux arcs, et l'on voit que ces quatre rayons forment les quatre arêtes d'une pyramide quadrangulaire, dans laquelle nous appellerons faces opposées, celles qui

5

sont comprises l'une entre deux quelconques de ces quatre rayons , l'autre entre les deux autres, sans qu'il y ait aucun de ces rayons commun à l'une et à l'autre. Ainsi il y a au sommet d'une pyra-ramide quadrangulaire ABCDE , six faces qui sont opposées deux à deux; savoir , ABC et ADE; ACD et ABE; ABD et ACE.

D'après ces éclaircissemens , nous allons reprendre la solution de

FIG. 7. notre problème. Soient donc dans le quadrilatère considéré BCDE,

m , n , p , les trois arcs ou côtés BC, CD, BD, de l'un quelconque des quatre triangles qui ont leurs sommets aux angles du quadrilatère.

s , q , r , les trois arcs ou côtés ED, EB, EC, respectivement opposés aux premières.

Par le lemme III (5) , nous avons entre les trois angles qui ont leur sommet au point B, par exemple ; savoir , CBE , CBD , DBE, dont l'un est la somme des deux autres : nous avons , dis-je , l'équation suivante :

$$1 - \cos^2 CBE - \cos^2 CBD - \cos^2 BDE + 2\cos CBE . \cos CBD . \cos DBE = 0 \dots \dots (A)$$

Mais le lemme II (2) nous donne pour trouver les angles qui entrent dans cette formule , les trois autres équations

$$\left. \begin{array}{l} \cos CBE = \dfrac{\cos r - \cos m . \cos q}{\sin m . \sin q} \\[1em] \cos CBD = \dfrac{\cos n - \cos m . \cos p}{\sin m . \sin p} \\[1em] \cos DBE = \dfrac{\cos s - \cos p . \cos q}{\sin p . \sin q} \end{array} \right\} \dots \dots \dots \dots \ (B)$$

Substituant ces valeurs dans l'équation précédente (A) , on aura , après avoir fait disparaître les dénominateurs , et multiplié par $\sin^2 m . \sin^2 p . \sin^2 q$, l'équation suivante :

$$\sin^2 m . \sin^2 p . \sin^2 q - \sin^2 p (\cos r - \cos m . \cos q)^2$$
$$- \sin^2 q (\cos n - \cos m . \cos p)^2 - \sin^2 m (\cos s - \cos p . \cos q)^2$$
$$+ 2 (\cos r - \cos m . \cos q)(\cos n - \cos m . \cos p)(\cos s - \cos p . \cos q) = 0 \dots \dots (C)$$

Il ne s'agit donc plus que d'effectuer les opérations indiquées , et de mettre ensuite à la place de $\sin^2 m$, $\sin^2 p$, $\sin^2 q$, leurs valeurs respectives, $1 - \cos^2 m$, $1 - \cos^2 p$, $1 - \cos^2 q$; alors on obtiendra la formule suivante qui satisfait à la question proposée,

$$
\begin{aligned}
1 &- \cos^2 m - \cos^2 n - \cos^2 p - \cos^2 q - \cos^2 r - \cos^2 s \\
&+ \cos^2 m \cdot \cos^2 s + \cos^2 n \cdot \cos^2 q + \cos^2 p \cdot \cos^2 r \\
&+ 2\cos m \cdot \cos n \cdot \cos p + 2\cos m \cdot \cos q \cdot \cos r \\
&+ 2\cos n \cdot \cos r \cdot \cos s + 2\cos p \cdot \cos q \cdot \cos s \\
&- 2\cos m \cdot \cos n \cdot \cos q \cdot \cos s - 2\cos m \cdot \cos p \cdot \cos r \cdot \cos s \\
&- 2\cos n \cdot \cos p \cdot \cos q \cdot \cos r = 0 \cdot \ldots \ldots \ldots \ldots \ldots \ldots \text{(D)}
\end{aligned}
$$

ce qu'il fallait trouver.

Il est à remarquer que dans cette formule il n'entre que les cosinus des arcs proposés, et que chacun d'eux ne s'y trouve élevé qu'au carré, d'où il suit que l'équation à résoudre n'est jamais que du second degré. Cette formule revient au même que celle qui a déjà été trouvée (47), comme cela doit être évidemment.

PROBLÈME XX.

49. *Des six angles que forment entre elles deux à deux les quatre arêtes qui partent du sommet d'une pyramide quadrangulaire, cinq quelconques étant donnés, trouver le sixième.*

Solution. Soit A le sommet de la pyramide quadrangulaire proposée, BCDE sa base, $\overline{AB}$, $\overline{AC}$, $\overline{AD}$, $\overline{AE}$, les quatre arêtes qui partent du sommet. Ces quatre arêtes prises deux à deux, forment évidemment six angles, et la question est de trouver l'un quelconque de ces angles lorsque les cinq autres sont donnés.

Prenons A pour le centre d'une sphère, et supposons que les quatre arêtes de la pyramide aillent rencontrer la surface de cette sphère aux points B′, C′, D′, E′, respectivement. Joignons ces points deux à deux par un arc de grand cercle ; il en résultera visiblement un quadrilatère sphérique B′C′D′E′, dont les quatre côtés et les deux diagonales sont précisément les mesures respectives des six angles que nous avons à considérer. Donc nous pouvons appliquer à ces six angles la formule (D) du problème précédent ; c'est-à-dire que si nous faisons (4),

$$\overline{AB}\,\widehat{\ }\,\overline{AC} = m, \quad \overline{AC}\,\widehat{\ }\,\overline{AD} = n, \quad \overline{AB}\,\widehat{\ }\,\overline{AD} = p,$$
$$\overline{AE}\,\widehat{\ }\,\overline{AD} = s, \quad \overline{AE}\,\widehat{\ }\,\overline{AB} = q, \quad \overline{AC}\,\widehat{\ }\,\overline{AE} = r,$$

on aura la formule suivante qui satisfait à la question proposée,

$$
1 - \cos^2 m - \cos^2 n - \cos^2 p - \cos^2 q - \cos^2 r - \cos^2 s
$$
$$
+ \cos^2 m \, . \, \cos^2 s + \cos^2 n \, . \, \cos^2 q + \cos^2 p \, . \, \cos^2 r
$$
$$
+ 2 \cos m \, . \, \cos n \, . \, \cos p + 2 \cos m \, . \, \cos q \, . \, \cos r
$$
$$
+ 2 \cos n \, . \, \cos r \, . \, \cos s + 2 \cos p \, . \, \cos q \, . \, \cos s
$$
$$
- 2 \cos m . \cos n . \cos q . \cos s - 2 \cos m . \cos p . \cos r . \cos s
$$
$$
- 2 \cos n . \cos p . \cos q . \cos r = 0 \ldots\ldots\ldots\ldots\ldots (A)
$$

ce qu'il fallait trouver.

Il ne faut pas oublier d'observer que les trois angles s, q, r, sont respectivement opposés aux trois premiers m, n, p, conformément à l'explication qui a été donnée dans le problème précédent.

PROBLEME XXI.

50. *Des six angles que forment entre elles deux à deux quatre droites menées d'un point pris à volonté dans l'espace, suivant des directions quelconques ; cinq quelconques étant donnés, trouver le sixième.*

Solution. Les quatre droites proposées peuvent être considérées comme les quatre arêtes d'une pyramide quadrangulaire, réunies au point pris à volonté dans l'espace, on peut donc appliquer aux six angles que ces droites forment entre elles la formule (A) du problème précédent ; c'est-à-dire, que si ayant désigné ces quatre droites par f, g, h, l, nous faisons (4)

$$\widehat{g\,h} = m, \quad \widehat{h\,f} = n, \quad \widehat{f\,g} = p, \quad \widehat{f\,l} = s, \quad \widehat{g\,l} = q, \quad \widehat{h\,l} = r,$$

s, q, r, étant les trois angles respectivement opposés aux premiers m, n, p, on aura la formule suivante qui satisfait à la question proposée,

$$1 - \cos^2 m - \cos^2 n - \cos^2 p - \cos^2 q - \cos^2 r - \cos^2 s$$
$$+ \cos^2 m \cdot \cos^2 s + \cos^2 n \cdot \cos^2 q + \cos^2 p \cdot \cos^2 r$$
$$+ 2 \cos m \cdot \cos n \cdot \cos p + 2 \cos m \cdot \cos q \cdot \cos r$$
$$+ 2 \cos n \cdot \cos r \cdot \cos s + 2 \cos p \cdot \cos q \cdot \cos s$$
$$- 2 \cos m \cdot \cos n \cdot \cos q \cdot \cos s - 2 \cos m \cdot \cos p \cdot \cos r \cdot \cos s$$
$$- 2 \cos n \cdot \cos p \cdot \cos q \cdot \cos r = 0 \dots\dots\dots\dots\dots (A)$$

ce qu'il fallait trouver.

Soit ABCD la projection d'un quadrilatère gauche quelconque, FIG. 8, et soient m, n, q, s, p, r, les six angles formés par les côtés de bis. ce quadrilatère gauche deux à deux, $\overline{AB}$, $\overline{CD}$, représentant les deux côtés opposés; $\overline{AD}$, $\overline{BC}$, les deux autres; de manière que m est l'angle compris entre les côtés représentés en projection par $\overline{AB}$, $\overline{AD}$; s l'angle compris entre les côtés respectivement opposés aux premiers; n l'angle compris entre les côtés représentés par $\overline{BA}$, $\overline{BC}$; q l'angle compris entre les côtés respectivement opposés à ceux-ci; r l'angle compris entre les côtés représentés par $\overline{AB}$, $\overline{CD}$, ou plutôt à cause que les droites ne sont pas dans le même plan, l'angle compris entre $\overline{AB}$ et une autre droite menée d'un point quelconque de celle-ci parallèlement à $\overline{CD}$.

Cela posé, par l'un des angles du quadrilatère gauche, par exemple, par celui dont la projection est D, j'imagine deux droites $\overline{DF'}$, $\overline{DE'}$, respectivement parallèles à $\overline{BA}$, $\overline{BC}$; et je désigne les quatre directions $\overline{DA}$, $\overline{DC}$, $\overline{DE'}$, $\overline{DF'}$ prises en partant du point D par g, l, f, k; il est visible qu'on aura

$$\widehat{gh} = m, \quad \widehat{hf} = n, \quad \widehat{gl} = q, \quad \widehat{fl} = s, \quad \widehat{fg} = \text{sup.}p, \quad \widehat{hl} = \text{sup.}r,$$

Or les quatre directions g, h, f, l, partant d'un même point, la formule trouvée ci-dessus est applicable aux six angles

$$\widehat{gh}, \quad \widehat{hf}, \quad \widehat{gl}, \quad \widehat{fl}, \quad \widehat{fg}, \quad \widehat{hl};$$

mettant donc pour ces angles leurs valeurs m, n, q, s, sup.p, sup.r, on aura à cause de cos sup.$p = -\cos p$, cos sup.$r = -\cos r$, la formule suivante, qui exprimera la relation existante entre les six angles que forment entre eux, deux à deux, les quatre côtés d'un quadrilatère gauche quelconque,

$$1 - \cos^2 m - \cos^2 n - \cos^2 p - \cos^2 q - \cos^2 r - \cos^2 s$$
$$+ \cos^2 m \ \cos^2 s + \cos^2 n \ \cos^2 q + \cos^2 p \ \cos^2 r$$
$$- 2 \cos m \ \cos n \ \cos p - 2 \cos m \ \cos q \ \cos r$$
$$- 2 \cos n \ \cos r \ \cos s - 2 \cos p \ \cos q \ \cos s$$
$$- 2 \cos m \ \cos n \ \cos q \ \cos s - 2 \cos m \ \cos p \ \cos r \ \cos s$$
$$- 2 \cos n \ \cos p \ \cos q \ \cos r = 0 \ldots\ldots\ldots\ldots\ldots (B)$$

PROBLÊME XXII.

51. *Des six angles que forment entre elles, deux à deux, les quatre faces d'une pyramide triangulaire, cinq quelconques étant donnés, trouver le sixième.*

Solution. D'un point quelconque pris au-dedans de la pyramide proposée, concevons une droite perpendiculaire sur chacune des faces. Il est évident que ces perpendiculaires formeront deux à deux des angles qui seront les supplémens de ceux que comprennent les faces sur lesquelles elles tombent. Or on sait que le cosinus d'un angle est toujours égal au cosinus de son supplément pris négativement. Donc, pour appliquer la formule trouvée dans le problème précédent aux six angles formés par les faces de la pyramide, il n'y a qu'à changer le signe de chacun des cosinus qui entrent dans la formule; c'est-à-dire, que si ayant désigné les quatre faces de la pyramide par F, G, H, L, nous faisons (4)

$$\widehat{G H} = m, \ \widehat{H F} = n, \ \widehat{F G} = p, \ \widehat{F L} = s, \ \widehat{G L} = q, \ \widehat{H L} = r.$$

s, q, r étant les trois angles respectivement opposés aux premiers m, n, p, on aura la formule suivante qui satisfait à la question proposée,

$$1 - \cos^2 m - \cos^2 n - \cos^2 p - \cos^2 q - \cos^2 r - \cos^2 s$$
$$+ \cos^2 m \ . \cos^2 s + \cos^2 n \ . \cos^2 q + \cos^2 p \ . \cos^2 r$$
$$- 2 \cos m \ . \cos n \ . \cos p - 2 \cos m \ . \cos q \ . \cos r$$
$$- 2 \cos n \ . \cos r \ . \cos s - 2 \cos p \ . \cos q \ . \cos s$$
$$- 2 \cos m . \cos n . \cos q . \cos s - 2 \cos m . \cos p . \cos r . \cos s$$
$$- 2 \cos n . \cos p . \cos q . \cos r = 0 \ldots\ldots\ldots\ldots\ldots (A)$$

ce qu'il fallait trouver.

Il faut remarquer que d'après l'explication donnée (48), les angles opposés deux à deux, parmi les six que forment entre elles les faces d'une pyramide triangulaire, sont ceux qui sont compris respectivement entre les faces qui se coupent suivant les arêtes opposées. Ainsi, par exemple (fig. 5), l'angle compris entre les deux faces qui se coupent suivant $\overline{AB}$, est l'angle opposé à celui qui est compris entre les deux faces dont $\overline{CD}$ est l'interjection. Ainsi des autres.

PROBLEME XXIII.

52. *Des six angles que forment entre eux les quatre côtés d'un quadrilatère sphérique, prolongés jusqu'à leurs rencontres respectives, cinq quelconques étant donnés, trouver le sixième.*

Solution. Soit ABCD le quadrilatère sphérique proposé. Pro- Fig. 9. longeons les côtés opposés BA, CD, jusqu'à leur rencontre en F, et les autres côtés opposés AD, BC, jusqu'à leur rencontre en E; les six angles que forment entre eux les côtés de ce quadrilatère deux à deux ainsi prolongés, sont donc BAD, ABC, BCD, CAD, AFD, AED; et la question est de trouver l'un quelconque de ces angles lorsque les cinq autres sont donnés.

Du centre de la sphère sur la surface de laquelle est tracé ce quadrilatère, imaginons des rayons menés aux six points A, B, C, D, E, F; et par ces droites deux à deux, concevons les plans qui doivent couper la surface sphérique suivant les quatre grands arcs de cercle BAF, CDF, ADE, BCE.

Cela posé, d'un point quelconque K de l'espace, concevons une droite perpendiculairement abaissée sur chacune des faces, et soient $\overline{Kt}$, $\overline{Ku}$, $\overline{Kv}$, $\overline{Kx}$, ces quatre perpendiculaires. Les angles formés par ces quatre perpendiculaires entre elles, deux à deux, sont les supplémens respectifs des angles formés par ces faces entre elles; c'est-à-dire, qu'en nommant ϖ le quart de la circonférence, on aura $ukt = 2\varpi - BAD$, etc., ou

$$ukt = 2\varpi - AB\widehat{}AD, \quad ukv = 2\varpi - BA\widehat{}BC, \quad tkv = 2\varpi - ED\widehat{}EC,$$
$$vkx = 2\varpi - CB\widehat{}CD, \quad tkx = 2\varpi - DA\widehat{}DC, \quad ukx = 2\varpi - FA\widehat{}FD.$$

Mais la formule trouvée (5o) est applicable aux six angles ukt, ukv, tkv, ukx, tkx, ukx, formés par les quatre droites qui partent du point k, et dont les trois derniers sont respectivement opposés aux trois premiers ; donc pour appliquer la même formule aux six angles $\widehat{AB\,AD}$, $\widehat{BA\,BC}$, $\widehat{ED\,EC}$, $\widehat{CB\,CD}$, $\widehat{DA\,DC}$, $\widehat{FA\,FD}$ qui sont les supplémens des premiers, il n'y a qu'à changer le signe des cosinus ; c'est-à-dire que si l'on nomme

$$m, n, p, \text{ les trois angles } \widehat{AB\,AD}, \widehat{BA\,BC}, \widehat{ED\,EC} ;$$

$$s, q, r, \text{ les trois angles } \widehat{CB\,CD}, \widehat{DA\,DC}, \widehat{FA\,FD},$$

respectivement opposés aux trois premiers, on aura la formule suivante qui satisfait à la question proposée,

$$
\begin{aligned}
&1 - \cos^2 m - \cos^2 n - \cos^2 p - \cos^2 q - \cos^2 r - \cos^2 s \\
&+ \cos^2 m \cdot \cos^2 s + \cos^2 n \cdot \cos^2 q + \cos^2 p \cdot \cos^2 r \\
&- 2\cos m \cdot \cos n \cdot \cos p - 2\cos m \cdot \cos q \cdot \cos r \\
&- 2\cos n \cdot \cos r \cdot \cos s - 2\cos p \cdot \cos q \cdot \cos s \\
&- 2\cos m \cdot \cos n \cdot \cos q \cdot \cos s - 2\cos m \cdot \cos p \cdot \cos r \cdot \cos s \\
&- 2\cos m \cdot \cos p \cdot \cos q \cdot \cos r = 0 \dots\dots\dots\dots\dots (A)
\end{aligned}
$$

ce qu'il fallait trouver.

COROLLAIRE.

53. Il est évident que la même formule s'applique aux six angles formés par les quatre faces de la pyramide quadrangulaire qui a son sommet au centre de la surface sphérique sur laquelle est tracé le quadrilatère BCDE, et dont les quatre arêtes coupent cette surface sphérique aux points B, C, D, E ; car les six angles que forment entre elles deux à deux ces faces prolongées, ne sont autre chose évidemment que les angles mêmes du quadrilatère que nous venons de considérer.

PROBLÈME XXIV.

54. *De ces six choses, savoir, les trois angles que forment entre elles les arêtes qui se, réunissent au sommet d'une pyramide triangulaire, et les trois autres angles que forment ces mêmes arêtes avec la base de cette pyramide, cinq quelconques étant données, trouver la sixième.*

Solution. Concevons du sommet de la pyramide une perpendiculaire sur la base, il est évident que les trois angles que formera cette perpendiculaire avec les arêtes au sommet, seront les complémens respectifs des angles formés par ces mêmes arêtes avec la base. Donc la formule trouvée (50) est applicable au cas présent, en substituant pour ces trois angles les sinus aux cosinus; c'est-à-dire, que si l'on désigne les trois arêtes par f, g, h, la base par L, le quart de la circonférence par ϖ ; et qu'on fasse

$$\widehat{g\,h} = m, \quad \widehat{h\,f} = n, \quad \widehat{f\,g} = p, \quad \widehat{f\,\mathrm{L}} = s, \quad \widehat{g\,\mathrm{L}} = q, \quad \widehat{h\,\mathrm{L}} = r,$$

les angles qu'il faudra substituer dans la formule (A) (50) à la place de m, n, p, s, q, r respectivement, seront

$$m, \; n, \; p, \; \varpi - s, \; \varpi - q, \; \varpi - r;$$

ou, ce qui revient au même, il faudra substituer dans cette formule, au lieu des quantités

$$\cos m, \; \cos n, \; \cos p, \; \cos s, \; \cos q, \; \cos r,$$

les quantités suivantes

$$\cos m, \; \cos n, \; \cos p, \; \cos(\varpi - s), \; \cos(\varpi - q), \; \cos(\varpi - r);$$

par cette substitution, on obtiendra la formule suivante, qui satisfait à la question proposée,

$$
\begin{aligned}
&1 - \cos^2 m - \cos^2 n - \cos^2 p - \sin^2 q - \sin^2 r - \sin^2 s \\
&+ \cos^2 m \cdot \sin^2 s + \sin^2 n \cdot \sin^2 q + \cos^2 p \cdot \sin^2 r \\
&+ 2\cos m \cdot \cos n \cdot \cos p + 2\cos m \cdot \sin q \cdot \sin r \\
&+ 2\cos n \cdot \sin r \cdot \sin s + 2\cos p \cdot \sin q \cdot \sin s \\
&- 2\cos m \cdot \cos n \cdot \sin q \cdot \sin s - 2\cos m \cdot \cos p \cdot \sin r \cdot \sin s \\
&- 2\cos n \cdot \cos p \cdot \sin q \cdot \sin r = 0 \dots \dots \dots \dots (A)
\end{aligned}
$$

ce qu'il fallait trouver.

6

PROBLÈME XXV.

55. *De ces six choses , savoir, les trois angles formés au sommet d'une pyramide triangulaire ; par les arêtes qui s'y réunissent , chacune avec la face qui lui est opposée , et les trois angles que forme avec ces mêmes faces une droite qui traverserait la pyramide suivant une direction quelconque ; de ces six choses , dis-je , cinq quelconques étant données , trouver la sixième.*

Solution. Par le sommet de la pyramide , j'imagine une droite parallèle à la transversale proposée. Cette droite fera par conséquent avec les faces de la pyramide , les mêmes angles que la transversale elle-même. Mais si de plus , par le même sommet , nous imaginons trois droites respectivement perpendiculaires à ces faces, il est évident que ces droites feront avec la parallèle ci-dessus , des angles qui seront complémens de ceux que cette parallèle fait avec les mêmes faces. Donc si l'on désigne les trois arêtes par f, g, h, les faces respectivement opposées à ces arêtes au sommet de la pyramide par F, G, H, la droite menée parallélement à la transversale par L, et enfin le quart de circonférence par ϖ; il arrivera que les angles formés par cette parallèle et les droites élevées perpendiculairement aux faces F, G, H , seront respectivement

$$\varpi - L\widehat{}F, \quad \varpi - L\widehat{}G, \quad \varpi - L\widehat{}H;$$

pareillement les angles formés par ces perpendiculaires aux faces, et les arêtes qui leur sont respectivement opposées, seront les complémens de ceux que ces mêmes arêtes et ces mêmes faces font entre elles.

Donc ces trois perpendiculaires et la parallèle à la transversale, sont quatre droites partant d'un même point , et formant entre elles deux à deux les six angles suivans, dont les trois derniers sont respectivement opposés aux trois premiers ,

$$\varpi - f\widehat{}F, \quad \varpi - g\widehat{}G, \quad \varpi - h\widehat{}H, \quad \varpi - L\widehat{}F, \quad \varpi - L\widehat{}G, \quad \varpi - L\widehat{}H.$$

Donc la formule trouvée (50) est applicable à ces six angles ; c'est-à-dire, que si l'on suppose

$$f\,\widehat{\ }F = m,\ g\,\widehat{\ }G = n,\ h\,\widehat{\ }H = p,\ L\,\widehat{\ }F = s,\ L\,\widehat{\ }G = q,\ L\,\widehat{\ }H = r;$$

il n'y aura qu'à substituer dans la formule, au lieu des quantités m, n, p, s, q, r, le complément de chacune d'elles, ou, ce qui revient au même, le sinus de chacune d'elles à son cosinus. Cette substitution donnera la formule suivante qui satisfait à la question proposée,

$$1 - \sin^2 m - \sin^2 n - \sin^2 p - \sin^2 q - \sin^2 r - \sin^2 s$$
$$+ \sin^2 m \cdot \sin^2 s + \sin^2 n \cdot \sin^2 q + \sin^2 p \cdot \sin^2 r$$
$$+ 2\sin m \cdot \sin n \cdot \sin p + 2\sin m \cdot \sin q \cdot \sin r$$
$$+ 2\sin n \cdot \sin r \cdot \sin s + 2\sin p \cdot \sin q \cdot \sin s$$
$$- 2\sin m \cdot \sin n \cdot \sin q \cdot \sin s - 2\sin m \cdot \sin p \cdot \sin r \cdot \sin s$$
$$- 2\sin n \cdot \sin p \cdot \sin q \cdot \sin r = 0 \dots\dots\dots\dots\dots (A)$$

ce qu'il fallait trouver.

Remarque.

56. Nous pourrions facilement pousser plus loin le nombre de ces questions, et nous livrer aux applications dont elles sont susceptibles ; mais ce serait perdre de vue notre objet principal, qui est de rechercher la relation qui existe entre les distances respectives de cinq points quelconques pris dans l'espace. C'est ce dont nous allons nous occuper dans le problème suivant. Mais je ne puis quitter ce qui regarde la pyramide triangulaire, sans souhaiter encore qu'on fasse par elle, pour la Géométrie aux trois dimensions, ce qu'on a fait pour la Géométrie plane, par la résolution du triangle dans tous les cas possibles. Nous avons bien donné ci-dessus (45) la solution du problème général ; mais nous n'avons fait, à proprement parler, que mettre ce problème en équations, de même qu'on met le problème général de la Trigonométrie ordinaire en équations, en exprimant toutes les parties du triangle en valeurs de trois seulement d'entre elles, comme par exemple les trois côtés ; mais il s'agit ensuite de développer ces équations primitives, pour les appliquer à chaque problème particulier, et leur donner la forme la plus avantageuse pour le calcul des nombres ordinaires et celui des logarithmes. De même ici, nous avons bien

exprimé toutes les parties de la pyramide triangulaire en valeurs de ses six arêtes seulement ; mais il y a un travail immense à faire, pour que de ces formules primitives on puisse passer immédiatement à la résolution soit algébrique, soit numérique de la pyramide dans tous les cas particuliers ; et c'est ce travail qui serait infiniment utile.

57. J'observerai, en terminant ce qui regarde cette matière, que dans presque toutes les formules trouvées se rencontrent certaines classes de quantités dont, pour abréger les calculs, on peut représenter la somme par une seule lettre. Considérons, par exemple, la formule (A) du problème IV (12), les six premiers termes du facteur qui multiplie $4R^a$, ne sont autre chose que la somme des produits de la 4e puissance de chacune des arêtes, par le carré de l'arête opposée : ainsi nous pouvons représenter cette somme par une seule lettre M, et employer l'une pour l'autre dans toutes les autres formules où elle peut se rencontrer.

De même, les quatre termes qui suivent, composent la somme des produits des carrés, des trois arêtes qui forment les côtés de chacun des quatre triangles, qui sont les bases de la pyramide ; ainsi nous pouvons, une fois pour toutes, prendre N pour représenter cette somme connue.

Les douze termes suivans composent la somme des produits des carrés des arêtes, multipliées trois par trois, en les prenant consécutivement, de manière qu'il y en ait deux d'opposées dans chacun des produits : ainsi nous pouvons représenter dans toutes les formules où elle entrera, cette quantité connue, par O.

Les trois termes qui suivent composent le double de la somme des produits des carrés des arêtes prises quatre à quatre, de manière que ces quatre arêtes soient opposées deux à deux. Ainsi nous pouvons représenter cette somme connue, par P.

Enfin, les trois derniers termes composent la somme des produits des quatrièmes puissances des arêtes opposées deux à deux ; ainsi nous pouvons exprimer cette somme connue, par Q.

Ces dénominations une fois adoptées, la formule en question pourra s'exprimer ainsi :

$$4R^a\,(M+N-O)+P-Q=0\ldots\ldots\ldots(A)$$

De même, la formule (A) du problème II (6) pourra s'exprimer ainsi :

$$x^2 \left(2m^2n^2 + 2m^2p^2 + 2n^2p^2 - m^4 - n^4 - p^4\right)$$
$$+ M + N - O = 0 \dots\dots\dots\dots\dots\dots (B)$$

De même encore, la formule (A) du problème III (9) pourra s'exprimer ainsi :

$$9.16.S^2 + M + N - O = 0 \dots\dots\dots\dots (C)$$

Il en sera de même de la plupart des autres formules trouvées jusqu'au n° 48, qui ne sont guères que des combinaisons de ces mêmes quantités M, N, O, P, Q. Par ce moyen on pourra faire des rapprochemens curieux entre ces diverses formules. Par exemple, en combinant la première des formules précédentes avec la troisième ; on aura cette relation entre les quatre quantités P, Q, R, S,

$$4.9.16.R^2.S^2 = Q - P \dots\dots\dots\dots\dots (D)$$

ainsi des autres.

Puisque nous avons

$$Q = m^4f^4 + g^4n^4 + h^4p^4$$
$$P = 2n^2p^2g^2h^2 + 2m^2p^2f^2h^2 + 2m^2n^2f^2g^2.$$

Si dans ces dernières équations nous mettons pour f, g, h, m, n, p, leurs valeurs respectives trouvées (47), nous aurons

$$Q = 16R^8\left((1 - \cos m')^2.(1 - \cos f')^2 + (1 - \cos g')^2(1 - \cos n')^2\right.$$
$$\left. + (1 - \cos h')(1 - \cos p')^2\right)$$
$$P = 2.16\left((1 - \cos n')(1 - \cos p')(1 - \cos g')(1 - \cos h')\right.$$
$$+ (1 - \cos m')(1 - \cos p')(1 - \cos f')(1 - \cos h')$$
$$\left. + (1 - \cos m')(1 - \cos n')(1 - \cos f')(1 - \cos g')\right).$$

Substituant ces valeurs de Q et de P dans la formule précédente (D), et divisant tout par $16R^2$; nous aurons la formule suivante, qui donne la solidité de la pyramide en valeur du rayon de la sphère circonscrite , et des six angles formés au centre , par les rayons menés de ce centre à chacun des sommets de la pyramide.

$$S = \tfrac{1}{6} R^3 \sqrt{\big((1 - \cos m')^2 (1 - \cos f')^2 + (1 - \cos g')^2 (1 - \cos n')^2}$$
$$+ (1 - \cos h')^2 (1 - \cos p')^2$$
$$- 2 . (1 - \cos n') (1 - \cos p') (1 - \cos g') (1 - \cos h')$$
$$- 2 . (1 - \cos m') (1 - \cos p') (1 - \cos f') (1 - \cos h')$$
$$- 2 . (1 - \cos m') (1 - \cos n') (1 - \cos f') (1 - \cos g')\big) \dots (E).$$

PROBLÈME XXVI.

58. *Des dix droites qui joignent deux à deux cinq points quelconques pris dans l'espace , neuf quelconques étant données , trouver la dixième.*

FIG. 8.   *Solution.* Soient A , B , C , D , E , les cinq points proposés, et les ayant joints deux à deux par des droites , désignons, pour abréger , ces dix droites comme il suit :

$$\overline{AD} = f, \ \overline{AB} = g, \ \overline{AC} = h, \ \overline{AE} = l, \ \overline{BC} = m, \ \overline{CD} = n, \ \overline{BD} = p,$$
$$\overline{BE} = q, \ \overline{CE} = r, \ \overline{DE} = s.$$

Je prends maintenant l'un quelconque des cinq points proposés, A , par exemple , pour centre d'une surface sphérique d'un rayon quelconque , et je prolonge les quatre droites ou arêtes qui partent du point A , jusqu'à la rencontre de cette surface sphérique , en B', C', D', E'; enfin je joins les quatre points B', C', D', E', deux à deux , par six grands arcs de cercle , que je désigne comme il suit :

$$\overline{B'C'} = m', \ \overline{C'D'} = n', \ \overline{B'D'} = p', \ \overline{D'E'} = s', \ \overline{B'E'} = q', \ \overline{C'E'} = r':$$

Cela posé , nous avons (48) entre les six arcs m', n', p', s', q', r', l'équation suivante :

$$1 - \cos^2 m' - \cos^2 n' - \cos^2 p' - \cos^2 q' - \cos^2 r' - \cos^2 s'$$
$$+ \cos^2 m' \cdot \cos^2 s' + \cos^2 n' \cdot \cos^2 q' + \cos^2 p' \cdot \cos^2 r'$$
$$+ 2\cos m' \cdot \cos n' \cdot \cos p' + 2\cos m' \cdot \cos q' \cdot \cos r'$$
$$+ 2\cos n' \cdot \cos r' \cdot \cos s' + 2\cos p' \cdot \cos q' \cdot \cos s'$$
$$- 2\cos m' \cdot \cos n' \cdot \cos q' \cdot \cos s' - 2\cos m' \cdot \cos p' \cdot \cos r' \cdot \cos s'$$
$$- 2\cos n' \cdot \cos p' \cdot \cos q' \cdot \cos r' = 0 \dots\dots\dots\dots\dots (A)$$

Mais puisque les arcs m', n', etc. sont les mesures des angles BAC, CAD, etc. nous aurons par le lemme 1 les six équations suivantes :

$$\cos m' = \frac{g^2 + h^2 - m^2}{2gh}, \quad \cos n' = \frac{f^2 + h^2 - n^2}{2fh}, \quad \cos p' = \frac{g^2 + f^2 - p^2}{2gf},$$

$$\cos s' = \frac{f^2 + l^2 - s^2}{2fl}, \quad \cos q' = \frac{g^2 + l^2 - q^2}{2gl}, \quad \cos r' = \frac{h^2 + l^2 - r^2}{2hl};$$

Substituant toutes ces valeurs dans l'équation précédente (A), réduisant tout au même dénominateur $16 f^2 g^2 h^2 l^2$, et effaçant les termes qui se détruisent ; on obtiendra, après un calcul fort long, mais qui n'a point de difficultés, la formule symétrique suivante entre les dix quantités ou arêtes f, g, h, l, m, n, p, q, r, s, et qui résout le problème proposé.

$$
\begin{aligned}
& g^4n^4 \quad + g^4s^4 \quad + g^4r^4 \quad + h^4s^4 \quad + h^4q^4 \\
& + h^4p^4 \quad + f^4m^4 \quad + f^4q^4 \quad + f^4r^4 \quad + l^4m^4 \\
& + l^4n^4 \quad + l^4p^4 \quad + m^4s^4 \quad + n^4q^4 \quad + r^4p^4 \\
& -2g^4n^2s^2 -2g^4n^2r^2 -2g^4r^2s^2 -2h^4q^2s^2 -2h^4p^2s^2 \\
& -2h^4p^2q^2 -2f^4m^2q^2 -2f^4m^2r^2 -2f^4q^2r^2 -2l^4m^2n^2 \\
& -2l^4m^2p^2 -2l^4n^2p^2 -2m^4f^2l^2 -2m^4f^2s^2 -2m^4l^2s^2 \\
& -2n^4g^2l^2 -2n^4g^2q^2 -2n^4l^2q^2 -2s^4g^2h^2 -2s^4g^2m^2 \\
& -2s^4h^2m^2 -2q^4f^2h^2 -2q^4h^2n^2 -2q^4f^2n^2 -2r^4f^2g^2 \\
& -2r^4g^2p^2 -2r^4f^2p^2 -2p^4h^2l^2 -2p^4h^2r^2 -2p^4l^2r^2 \\
& -4g^2h^2m^2s^2 -4f^2g^2p^2r^2 -4g^2l^2n^2q^2 -4g^2n^2r^2s^2 -4f^2h^2n^2q^2 \\
& -4h^2l^2p^2r^2 -4h^2p^2q^2s^2 -4f^2l^2m^2s^2 -4f^2m^2q^2r^2 -4l^2m^2n^2p^2 \\
& -2g^2h^2n^2p^2 -2g^2h^2q^2r^2 -2f^2g^2m^2n^2 -2f^2g^2q^2s^2 -2g^2l^2m^2r^2 \\
& -2g^2l^2p^2s^2 -2f^2h^2m^2p^2 -2f^2h^2r^2s^2 -2h^2l^2m^2q^2 -2h^2l^2n^2s^2 \\
& -2f^2l^2n^2r^2 -2f^2l^2p^2q^2 -2m^2n^2q^2s^2 -2m^2p^2r^2s^2 -2n^2p^2q^2r^2 \\
& +2g^2h^2n^2s^2 +2g^2h^2n^2q^2 +2g^2h^2q^2s^2 +2g^2h^2r^2s^2 +2g^2h^2p^2s^2 \\
& +2g^2h^2p^2r^2 +2f^2g^2m^2s^2 +2f^2g^2m^2r^2 +2f^2g^2n^2q^2 +2f^2g^2n^2r^2 \\
& +2f^2g^2r^2s^2 +2f^2g^2q^2r^2 +2g^2l^2m^2n^2 +2g^2l^2m^2s^2 +2g^2l^2n^2s^2 \\
& +2g^2l^2n^2r^2 +2g^2l^2n^2p^2 +2g^2l^2p^2r^2 +2g^2m^2n^2s^2 +2g^2m^2r^2s^2 \\
& +2g^2n^2q^2s^2 +2g^2n^2q^2r^2 +2g^2n^2p^2r^2 +2g^2p^2r^2s^2 +2f^2h^2m^2s^2 \\
& +2f^2h^2m^2q^2 +2f^2h^2q^2s^2 +2f^2h^2q^2r^2 +2f^2h^2p^2q^2 +2f^2h^2p^2r^2 \\
& +2h^2l^2m^2s^2 +2h^2l^2m^2p^2 +2h^2l^2n^2q^2 +2h^2l^2n^2p^2 +2h^2l^2p^2s^2 \\
& +2h^2l^2p^2q^2 +2h^2m^2q^2s^2 +2h^2m^2p^2s^2 +2h^2n^2q^2s^2 +2h^2n^2p^2q^2 \\
& +2h^2p^2r^2s^2 +2h^2p^2q^2r^2 +2f^2l^2m^2n^2 +2f^2l^2m^2q^2 +2f^2l^2m^2r^2 \\
& +2f^2l^2m^2p^2 +2f^2l^2n^2q^2 +2f^2l^2p^2r^2 +2f^2m^2n^2q^2 +2f^2m^2q^2s^2 \\
& +2f^2m^2r^2s^2 +2f^2m^2p^2r^2 +2f^2n^2q^2r^2 +2f^2p^2q^2r^2 +2l^2m^2n^2s^2 \\
& +2l^2m^2n^2q^2 +2l^2m^2p^2s^2 +2l^2m^2p^2r^2 +2l^2n^2p^2q^2 +2l^2n^2p^2r^2 = 0 \ldots (A)
\end{aligned}
$$

ce qu'il fallait trouver.

Remarque.

59. Quoique cette formule qui a 130 termes, paroisse d'abord fort compliquée, elle est symétrique et assujétie à une loi facile à saisir. Car, 1°. les quinze premiers termes composent la somme des produits des quatrièmes puissances des arêtes opposées deux à deux; c'est-à-dire, de celles qui n'ont pas d'extrémités communes. Soit cette somme...................... $= $ F.

2°. Les trente termes qui suivent composant deux fois la somme des produits de la quatrième puissance de chacune des arêtes, par le produit des carrés des arêtes qui lui sont opposées, prises deux à deux. Soit cette somme........................... $=$ G.

3°. Les dix termes suivans composant quatre fois la somme des produits du carré de chacune des arêtes, par le produit du carré de chacune des trois arêtes opposées, c'est-à-dire qui n'ont point d'extrémité commune avec elle. Soit cette somme...... $=$ H.

4°. Les quinze termes suivans composent deux fois la somme des produits des carrés des quatre côtés de chacun des quadrilatères gauches qui entrent dans la construction de la pyramide. Soit cette somme.................................... $=$ K.

5°. Enfin les soixante derniers termes composent deux fois la somme des produits des carrés des quatre arêtes qui formeraient le contour d'un pentagone gauche, dont on aurait retranché un côté. Par exemple, ABCDEA exprimé le contour d'un pentagone gauche dont les côtés successifs sont $\overline{AB}$, $\overline{BC}$, $\overline{CD}$, $\overline{DE}$, $\overline{EA}$; qu'on ôte l'un quelconque de ces côtés, par exemple $\overline{CD}$, il restera les quatre côtés $\overline{AB}$, $\overline{BC}$, $\overline{DE}$, $\overline{AE}$, ou g, m, s, l : or le double du produit des carrés de ces quatre quantités est $2g^2l^2m^2s^2$, qui se trouve être le 14ème. terme des soixante de cette dernière classe. Soit cette somme $=$ L, la formule (A) pourra donc s'exprimer simplement comme il suit :

$$F - 2G + 4H - 2K + 2L = 0 \dots\dots\dots\dots \text{(B)}.$$

Cette formule extrêmement remarquable, et qui fait particulièrement l'objet de ce Mémoire, donne la solution d'une mul-

7

titude de questions difficiles. Par exemple, celles-ci : quatre points étant donnés dans l'espace, trouver un cinquième point dont les distances aux quatre premiers soient en raisons données, ou qui aient entre elles telle autre relation donnée ; et cette autre, quatre sphères étant données dans l'espace, en trouver une cinquième qui soit tangente aux quatre autres, ou qui en retranche des arcs donnés, etc.

COROLLAIRE I.

60. Si des cinq points considérés dans l'espace, on suppose que quatre soient les sommets d'une pyramide triangulaire, et que le cinquième soit le centre de la sphère circonscrite, on trouvera par la formule précédente le rayon de cette sphère. Car supposons, par exemple, que E soit le centre, et que les quatre autres points A, B, C, D, soient les sommets de la pyramide circonscrite ; les droites $\overline{EA}$, $\overline{EB}$, $\overline{EC}$, $\overline{ED}$, seront donc égales entre elles et au rayon cherché. Ainsi, désignant ce rayon par R, il n'y aura qu'à substituer dans la formule précédente, R à la place de chacune des quantités l, q, r, s ; et l'équation qui en résultera, donnera R en valeurs des six arêtes, f, g, h, m, n, p, de la pyramide. Cette opération donnera la formule suivante, qui s'accorde avec celle que nous avions déjà trouvée par le problème IV (12),

$$
\begin{aligned}
4R^2 (& f^4m^2 + m^4f^2 + g^4n^2 + n^4g^2 + h^4p^2 + p^4h^2 \\
&+ m^2g^2h^2 + p^2f^2g^2 + n^2f^2h^2 + m^2n^2p^2 \\
&- m^2n^2g^2 - n^2p^2g^2 - n^2f^2g^2 - m^2f^2g^2 \\
&- n^2g^2h^2 - p^2g^2h^2 - m^2n^2f^2 - m^2p^2f^2 \\
&- n^2p^2h^2 - m^2p^2h^2 - m^2f^2h^2 - p^2f^2h^2) \\
&+ 2n^2p^2g^2h^2 + 2m^2p^2f^2h^2 + 2m^2n^2f^2g^2 \\
&- m^4f^4 - g^4n^4 - h^4p^4 = 0 \dots\dots\dots\dots (A)
\end{aligned}
$$

COROLLAIRE II.

61. On peut, par le corollaire précédent, trouver la relation qui existe entre les distances respectives de cinq points quelconques pris sur une même surface sphérique. Car supposons que les cinq

points A, B, C, D, E, soient tous dans une même surface sphérique dont le rayon soit R. L'équation (A) trouvée dans le problème précédent, donnera la valeur de R en m, n, p, f, g, h; mais puisque par hypothèse, E est aussi sur la surface sphérique, une pareille équation doit exister en substituant aux arêtes f, g, h, les arêtes s, q, r respectivement. Egalant donc les deux valeurs de R^2 tirées de chacune de ces équations, on aura la relation qui doit exister entre les 9 arêtes m, n, p, f, g, h, s, q, r, pour que les cinq points proposés se trouvent tous sur une même surface sphérique; et par la même raison, une semblable relation existe entre les distances m, n, p, f, g, h, s, q, r, l, prises neuf à neuf, de toutes les manières possibles, ce qui fait en tout 10 relations de même nature que la précédente.

PROBLÈME XXVII.

62. *Connaissant les distances respectives de cinq points quelconques pris dans l'espace, trouver l'angle d'inclinaison de la droite qui passe par deux quelconques de ces points, sur le plan qui contient les trois autres.*

Solution. Supposons que les cinq points donnés soient A, B, C, D, E, et qu'il s'agisse de trouver l'angle d'inclinaison FIG. 10. de la droite qui passe par A et B sur le plan qui contient les trois autres, C, D, E. De chacun des points A, B, j'abaisse une perpendiculaire sur le plan CDE, et par ces deux perpendiculaires j'imagine un plan. Ce plan sera donc perpendiculaire au plan CDE, et contiendra la droite qui doit passer par A et B. Soient donc $\overline{Aa}$, $\overline{Bb}$, les perpendiculaires abaissées des points A, B, sur le plan CDE; menons par a et b une droite indéfinie qui représentera évidemment le plan CDE, et prolongeons $\overline{AB}$ jusqu'à la rencontre de cette droite au point K; il est clair que l'angle AKa est précisément l'angle cherché. Cela posé, du point B je mène $\overline{Ba'}$ perpendiculaire à $\overline{Aa}$: l'angle ABa' est le même que l'angle AKa; donc nous aurons

$$\sin \mathrm{AK}a = \frac{\overline{Aa'}}{\mathrm{AB}}, \text{ ou } \sin \mathrm{AK}a = \frac{\overline{Aa} - \overline{Bb}}{\mathrm{AB}}.$$

Mais en considérant A comme le sommet d'une pyramide qui a pour base CDE, il est facile d'en trouver la hauteur $\overline{Aa}$ par la formule trouvée (6) ; et pareillement, en considérant B comme le sommet d'une pyramide qui a aussi pour base CDE, on aura par la même formule la hauteur $\overline{Bb}$.

De plus, les distances respectives des cinq points A, B, C, D, E, étant toutes données par hypothèse, la droite $\overline{AB}$ est connue. Donc dans l'équation trouvée ci-dessus,

$$\sin \mathrm{AK}a = \frac{\overline{Aa} - \overline{Bb}}{\overline{AB}},$$

toutes les quantités qui entrent dans le second membre sont connues ; donc le premier membre $\sin \mathrm{AK}a$ est aussi connu. *Ce qu'il fallait trouver.*

Si des dix droites qui joignent deux à deux les cinq points A, B, C, D, E, on n'en connaissait que neuf, il faudrait commencer par chercher la dixième (58), et la question se réduirait ensuite à celle qu'on vient de résoudre.

PROBLÈME XXVIII.

63. *Connaissant les distances respectives de six points quelconques pris dans l'espace, trouver l'angle que forment entre eux les deux plans qui contiennent, le premier trois quelconques des six points proposés, le second les trois autres.*

FIG 11. *Solution.* Soient A, B, C, M, N, P, les six points proposés, et qu'il s'agisse de trouver l'angle compris entre le plan qui contient les trois premiers A, B, C, et celui qui contient les trois autres M, N, P.

Imaginons de chacun des points A, B, C, contenus dans le premier plan, une perpendiculaire abaissée sur le second. Puisque les distances respectives de tous les points proposés sont données par hypothèse, ces perpendiculaires seront faciles à trouver ; car si l'on conçoit du point A, par exemple, les droites $\overline{AM}$, $\overline{AN}$,

$\overline{AP}$, il en résultera une pyramide triangulaire, dont les six arêtes seront données, et dont la hauteur, à partir du point A, est précisément la perpendiculaire qu'il s'agit de trouver.

Maintenant, imaginons $\overline{AB}$ prolongée jusqu'à la rencontre de deux plans ABC, MNP, et par les pieds des perpendiculaires, abaissées des points A et B sur le plan MNP, concevons aussi, une droite : elle ira rencontrer $\overline{AB}$ dans l'intersection des plans ABC, MNP, et ces droites formeront avec les perpendiculaires ci-dessus, des triangles rectangles semblables, dans lesquels on connaît, 1°. les deux perpendiculaires, 2°. la distance $\overline{AB}$ de leur sommet. On trouvera donc facilement les autres côtés de ces triangles par cette proportion : la différence de ces deux perpendiculaires est à $\overline{AB}$ comme la perpendiculaire abaissée du point B est à la distance du point B, au point où $\overline{AB}$ rencontre le plan MNP.

Par une opération semblable, on trouvera la distance du même point B, au point où la droite $\overline{AC}$ rencontrera ce même plan MNP : ainsi ces deux droites $\overline{AB}$, $\overline{AC}$, prolongées jusqu'à l'intersection des plans ABC, MNP, et cette intersection elle-même, formeront un triangle rectiligne dans lequel on connaîtra les deux côtés pris sur les directions de $\overline{AB}$ et $\overline{AC}$ avec l'angle compris au sommet B de ce triangle. On aura donc par le lemme 1, la perpendiculaire abaissée de ce point B qui est son sommet sur sa base qui est l'intersection de deux plans ; et comme la perpendiculaire abaissée du point B sur le plan MNP est aussi connue, on aura, en joignant les pieds de ces deux perpendiculaires, un triangle rectangle, dont on connaîtra l'hypoténuse et un petit côté ; et par conséquent on trouvera sans difficulté l'angle opposé à ce petit côté, et cet angle est précisément l'angle compris entre les deux plans ABC, MNP ; *ce qu'il fallait trouver.*

PROBLÈME XXIX.

64. *Un système quelconque de points étant proposé dans l'es-*
pace , et connaissant les distances de chacun d'eux à trois autres
points fixes pris à volonté, pour servir de termes de comparaison;
trouver les droites qui joignent tous les points du système deux
à deux , les angles que forment ces droites entre elles , ceux
que forment ces mêmes droites avec les plans qui contiennent
ces points trois à trois , les angles formés par ces plans entre
eux , la perpendiculaire abaissée de chacun des points du sys-
tème sur la droite qui en joint deux autres quelconques, ou sur
le plan qui en contient trois , la plus courte distance de deux
quelconques de ces mêmes droites , etc.

Solution. Considérons d'abord la distance de deux quelconques
d'entre les points du système proposé. Puisqu'on connaît les distances de chacun de ces points, aux trois points fixes qui ont été
choisis dans l'espace pour servir de termes de comparaison, et
dont les distances sont données, il y aura neuf données parmi les dix
droites qui joignent ces cinq points deux à deux; donc (58) on aura
la dixième , c'est-à-dire la distance cherchée des deux points proposés. En appliquant la même solution à tous les points du système
pris deux à deux, on aura donc déjà toutes les distances cherchées
entre ces mêmes points. Maintenant, pour trouver les angles formés
par ces droites , il n'y a qu'à considérer les points trois à trois ;
car les droites qui les joignent formeront un triangle, dont les côtés
seront connus par ce qui vient d'être dit ; donc on aura chacun
des angles par le lemme 1. Voilà pour les droites qui ont une
extrémité commune : quant à celles qui ne se rencontrent pas, il
faut joindre leurs extrémités deux à deux, en les considérant comme
les quatre sommets d'une pyramide triangulaire dont ces droites
sont deux arêtes opposées , et alors on aura l'angle qu'elles
forment (27). Puis (41) on trouvera la plus courte distance de ces
mêmes droites.

Pour trouver la perpendiculaire abaissée de l'un quelconque
des points du système sur la droite qui joint deux des autres, il

suffit d'appliquer la formule 3 du lemme 1 au triangle qui a son
sommet au point d'où doit partir la perpendiculaire, et dont la
base est la droite comprise entre les deux autres ; les trois points
de ce triangle étant connus par ce qui a été dit ci-dessus.

Pour avoir la perpendiculaire abaissée de l'un quelconque des
points du système sur le plan qui en contient trois autres, il faut
considérer ces quatre points comme les quatre sommets d'une
pyramide triangulaire, dont les six arêtes sont connues par ce qui
a été dit ci-dessus, et alors la perpendiculaire cherchée n'est autre
chose que la hauteur de cette même pyramide considérée comme
ayant son sommet au point proposé.

Enfin on trouve (31 et suiv.) les angles que forment les droites
avec les plans, et ceux que forment les plans entre eux : ainsi le
problème proposé est entièrement résolu ; *ce qu'il fallait trouver.*

PROBLÈME XXX.

65. *Un système quelconque de points étant proposé dans l'espace, connaissant la distance de chacun d'eux à un autre point
quelconque pris pour terme de comparaison, distance que je
nomme rayon vecteur, et connaissant de plus les angles que
fait ce rayon vecteur avec deux axes quelconques fixes partant
de ce point central qui a été pris pour terme de comparaison,
trouver les droites qui joignent tous les points du système proposé deux à deux, les angles que forment ces droites entre
elles, etc. comme dans le problème précédent.*

Solution. Comparons deux à deux tous ces rayons vecteurs avec
les deux axes fixes, cela fera quatre droites partant du même point,
et ces quatre droites formeront six angles parmi lesquels il y en
a cinq de connus par hypothèse ; le seul qui ne l'est pas, étant
celui qui est compris entre les deux rayons vecteurs. Or cet angle
se trouve par le problème XXI (50) ; on aura donc ainsi tous les
rayons vecteurs donnés par hypothèse, et tous les angles formés
par ces rayons vecteurs deux à deux ; donc, par le lemme 1, on
aura les distances de tous les points du système deux à deux, et
le reste s'achevera comme dans le problème précédent. *Ce qu'il
fallait trouver.*

PROBLÈME XXXI.

. - 66. *Une pyramide triangulaire étant rapportée à trois plans quelconques perpendiculaires entre eux, exprimer toutes les parties, tant linéaires qu'angulaires de cette pyramide, en valeurs des douze coordonnées qui répondent à ses quatre sommets.*

Solution. Je conserve les dénominations des problèmes II et suivans, et de plus je nomme

a, a', a'', les coordonnées du point A, à l'égard des trois plans rectangulaires ;

b, b', b'', les trois coordonnées du point B,

c, c', c'', les trois coordonnées du point C,

d, d', d'', les trois coordonnées du point D.

Cela posé, il est clair que le carré d'une droite quelconque menée dans l'espace, étant toujours égal à la somme des carrés de ses projections sur trois axes quelconques rectangulaires, nous aurons

$$m^2 = (b - c)^2 + (b' - c')^2 + (b'' - c'')^2$$
$$n^2 = (c - d)^2 + (c' - d')^2 + (c'' - d'')^2$$
$$p^2 = (d - b)^2 + (d' - b')^2 + (d'' - b'')^2$$
$$f^2 = (d - a)^2 + (d' - a')^2 + (d'' - a'')^2$$
$$g^2 = (a - b)^2 + (a' - b')^2 + (a'' - b'')^2$$
$$h^2 = (c - a)^2 + (c' - a')^2 + (c'' - a'')^2$$

Substituant donc toutes ces valeurs de m^2, n^2, p^2, f^2, g^2, h^2 dans les formules trouvées qui expriment toutes les parties de la pyramide en valeurs de ses seules arêtes, on aura l'expression de ces mêmes quantités en valeurs des coordonnées des quatre sommets A, B, C, D. *Ce qu'il fallait trouver.*

Remarque.

67 Ce qu'on vient de dire de la pyramide, s'applique à un polyèdre quelconque, c'est-à-dire, qu'on peut résoudre de la même manière cette question plus générale.

Un polyèdre quelconque étant rapporté à trois plans quel-
conques perpendiculaires entre eux, exprimer toutes ses parties,
tant linéaires qu'angulaires en valeurs des coordonnées, qui ré-
pondent aux sommets de tous ses angles solides.

En effet, il est clair qu'on trouvera d'abord les carrés des distances respectives de tous ses sommets, deux à deux, en ajoutant
les trois carrés des différences de leurs coordonnées correspondantes ; puisque ces différences ne sont autre chose que les projections de la distance cherchée sur les trois axes, et que le carré
d'une droite quelconque est évidemment égal à la somme des carrés
de ses projections sur trois axes quelconques perpendiculaires entre
eux.

On aura donc ainsi les distances respectives de tous les points
du système proposé, exprimées en valeurs des coordonnées de ces
mêmes points. Après quoi, pour avoir tout le reste, on achèvera
comme dans le problème XXIX (64).

Par là on établit la liaison qui existe entre la méthode des
triangles et celle des projections ou coordonnées. Chacune de ces
méthodes a des avantages qui lui sont propres : en suivant la première, on exprime directement toutes les parties du système proposé en valeurs de quelques-unes seulement d'entre elles, suffisantes pour que tout le reste soit déterminé, ce qui donne le moyen
de changer à volonté les données, en les prenant toujours parmi
les élémens mêmes de la figure proposée.

Dans la méthode des projections au contraire, on commence
par exprimer toutes les quantités du système en valeurs des coordonnées, ce qui s'opère par des méthodes générales très-ingénieuses;
mais ensuite il faut éliminer toutes ces coordonnées qui ne sont,
à proprement parler, que des quantités auxiliaires, pour y substituer les élémens mêmes de la figure. On ne peut donc, dans ce
cas, regarder le problème comme résolu, que lorsque l'élimination
de ces coordonnées est opérée, et c'est dans cette élimination principalement que consiste la difficulté de cette méthode, parcequ'il
se trouve plus d'inconnues à éliminer, qu'il n'y a d'équations
fournies; desorte qu'il faut des artifices particuliers d'analyse pour
faire disparaître les inconnues, et trouver la relation qui existe

8

entre les seuls élémens propres de la figure proposée, au moyen des conditions arbitraires qui doivent suppléer aux conditions prescrites.

Par exemple, dans le cas de la pyramide, il faut seulement six données, que nous avons supposées être les six arêtes, et partant de là, nous sommes parvenus à trouver toutes les autres quantités du système en valeurs de ces six arêtes.

Suivant la méthode des projections, au contraire, on considère d'abord comme connues les douze coordonnées des quatre sommets ; mais comme il faut les éliminer toutes, et qu'on n'a pourtant que six données, qui sont les six arêtes, on supplée aux six autres données qui manquent, par six conditions arbitraires, fondées sur ce que les plans rectangulaires auxquels on rapporte le système, étant pris à volonté, on est maître de fixer où l'on veut l'origine des trois axes et leurs trois directions. Ainsi, il faut exprimer ces six conditions arbitraires par six nouvelles équations qui, combinées avec les six arêtes, donneront le moyen d'éliminer les douze coordonnées. C'est dans l'art de conduire, de la manière la plus simple, ce calcul suivant les circonstances, que consistent les ressources de la méthode féconde des projections. On voit qu'elle est fondée essentiellement sur l'art de changer le système des coordonnées, afin de pouvoir choisir l'origine et les directions des axes le plus favorablement possible à l'objet qu'on a en vue. C'est pour cette raison que je me suis occupé ici du problème important de la transformation des axes pris dans sa plus grande généralité, sans cependant déplacer l'origine des coordonnées, parcequ'on sait que pour transporter cette origine où l'on veut, il n'y a autre chose à faire, que d'ajouter une constante arbitraire à chacune d'elles.

PROBLÈME XXXII.

68. *La position d'un point étant déterminée dans l'espace par trois coordonnées quelconques, faisant entre elles des angles donnés, on propose de changer les directions de ces coordonnées, supposant que l'on connaisse l'angle que fait chacune des nouvelles coordonnées avec chacune des anciennes.*

Solution. Soit **M** le point proposé dont la position soit déter- FIG. 12.
minée dans l'espace par les trois coordonnées

$$\overline{AP} = x, \quad \overline{AQ} = y, \quad \overline{AR} = z$$

qu'on suppose données, et faisant entre elles les angles aussi donnés,

$$PAQ = x\stackrel{\frown}{y}, \quad PAR = x\stackrel{\frown}{z}, \quad QAR = y\stackrel{\frown}{z}...(A).$$

Maintenant, l'origine A des coordonnées restant la même, soient les trois nouvelles coordonnées du même point **M**

$$\overline{Ap} = x', \quad \overline{Aq} = y', \quad \overline{Ar} = z'..........(B)$$

formant chacune avec les premières, les angles donnés,

$$pAP = x\stackrel{\frown}{x'}, \quad pAQ = y\stackrel{\frown}{x'}, \quad pAR = z\stackrel{\frown}{x'}.....(C)$$
$$qAP = x\stackrel{\frown}{y'}, \quad qAQ = y\stackrel{\frown}{y'}, \quad qAR = z\stackrel{\frown}{y'}.....(D)$$
$$rAP = x\stackrel{\frown}{z'}, \quad rAQ = y\stackrel{\frown}{z'}, \quad rAR = z\stackrel{\frown}{z'}.....(E)$$

Il s'agit donc de trouver les premières coordonnées x, y, z, en valeurs des nouvelles x', y', z', et des douze angles que nous venons d'énumérer.

J'observe d'abord, que des trois angles marqués (C), il suffit d'en connaître deux quelconques pour que le troisième soit déterminé. Ainsi, lorsqu'il est dit dans l'énoncé du problème, que ces trois angles sont donnés, on entend seulement, que deux d'entre eux ayant été donnés immédiatement, le troisième a été déterminé en valeurs des donnés, par ce qu'on nomme une *équation de condition.* Cette équation de condition est facile à trouver, car les quatre droites x, y, z, x' forment entre elles six angles

$$x\stackrel{\frown}{y}, \quad x\stackrel{\frown}{z}, \quad y\stackrel{\frown}{z}, \quad x\stackrel{\frown}{x'}, \quad y\stackrel{\frown}{x'}, \quad z\stackrel{\frown}{x'},$$

dont les trois premiers et deux d'entre les derniers sont donnés par hypothèse. Donc on peut leur appliquer la formule trouvée (50), en faisant

$$x\stackrel{\frown}{y} = m, \; x\stackrel{\frown}{z} = n, \; y\stackrel{\frown}{z} = p, \; x\stackrel{\frown}{x'} = r, \; y\stackrel{\frown}{x'} = q, \; z\stackrel{\frown}{x'} = s...(F)$$

Il en est de même des trois angles marqués (D), il suffit que deux soient connus, pour que le troisième soit déterminé par la même formule, en faisant

$$\widehat{x'y}=m, \ \widehat{x'z}=n, \ \widehat{y'z}=p, \ \widehat{x'y'}=r, \ \widehat{y'y'}=q, \ \widehat{z'y'}=s\ldots(\text{G})$$

Enfin, il en est de même encore des trois angles marqués (E), auxquels on appliquera la même formule en faisant

$$\widehat{x'y}=m, \ \widehat{x'z}=n, \ \widehat{y'z}=p, \ \widehat{x'z'}=r, \ \widehat{y'z'}=q, \ \widehat{z'z'}=s\ ;$$

on a donc d'abord, pour déterminer réellement tous les angles supposés donnés dans l'énoncé du problème, mais qui ne le sont qu'implicitement, les trois équations de condition suivantes :

$$\begin{aligned}
1 - \cos^2\widehat{x'y} &- \cos^2\widehat{x'z} - \cos^2\widehat{y'z} - \cos^2\widehat{x'x'} - \cos^2\widehat{y'x'} - \cos^2\widehat{z'x'} \\
&+ \cos^2\widehat{x'y} \cdot \cos^2\widehat{z'x'} + \cos^2\widehat{x'z} \cdot \cos^2\widehat{y'x'} + \cos^2\widehat{y'z} \cdot \cos^2\widehat{x'x'} \\
&+ 2\cos\widehat{x'y} \cdot \cos\widehat{x'z} \cdot \cos\widehat{y'z} + 2\cos\widehat{x'y} \cdot \cos\widehat{y'x'} \cdot \cos\widehat{x'x'} \\
&+ 2\cos\widehat{x'z} \cdot \cos\widehat{x'x'} \cdot \cos\widehat{z'x'} + 2\cos\widehat{y'z} \cdot \cos\widehat{y'x'} \cdot \cos\widehat{z'x'} \\
&- 2\cos\widehat{x'y} \cdot \cos\widehat{x'z} \cdot \cos\widehat{x'x'} \cdot \cos\widehat{z'x'} - 2\cos\widehat{x'y} \cdot \cos\widehat{y'z} \cdot \cos\widehat{x'x'} \cdot \cos\widehat{z'x'} \\
&- 2\cos\widehat{x'z} \cdot \cos\widehat{y'z} \cdot \cos\widehat{y'x'} \cdot \cos\widehat{x'y} = 0\ldots\ldots\ldots\ldots\ldots\ldots (\text{K})
\end{aligned}$$

$$\begin{aligned}
2 - \cos^2\widehat{x'y} &- \cos^2\widehat{x'z} - \cos^2\widehat{y'z} - \cos^2\widehat{x'y'} - \cos^2\widehat{y'y'} - \cos^2\widehat{z'y'} \\
&+ \cos^2\widehat{x'y} \cdot \cos^2\widehat{z'y'} + \cos^2\widehat{x'z} \cdot \cos^2\widehat{y'y'} + \cos^2\widehat{y'z} \cdot \cos^2\widehat{x'y'} \\
&+ 2\cos\widehat{x'y} \cdot \cos\widehat{x'z} \cdot \cos\widehat{y'z} + 2\cos\widehat{x'y} \cdot \cos\widehat{x'y'} \cdot \cos\widehat{y'y'} \\
&+ 2\cos\widehat{x'z} \cdot \cos\widehat{x'y'} \cdot \cos\widehat{z'y'} + 2\cos\widehat{y'z} \cdot \cos\widehat{y'y'} \cdot \cos\widehat{z'y'} \\
&- 2\cos\widehat{x'y} \cdot \cos\widehat{x'z} \cdot \cos\widehat{y'y'} \cdot \cos\widehat{z'y'} - 2\cos\widehat{x'y} \cdot \cos\widehat{y'z} \cdot \cos\widehat{x'y'} \cdot \cos\widehat{z'y'} \\
&- 2\cos\widehat{x'z} \cdot \cos\widehat{y'z} \cdot \cos\widehat{x'y'} \cdot \cos\widehat{y'y'} = 0\ldots\ldots\ldots\ldots\ldots\ldots (\text{L})
\end{aligned}$$

$$\begin{aligned}
1 - \cos^2\widehat{x'y'} &- \cos^2\widehat{x'z} - \cos^2\widehat{y'z} - \cos^2\widehat{x'z'} - \cos^2\widehat{y'z'} - \cos^2\widehat{z'z'} \\
&+ \cos^2\widehat{x'y} \cdot \cos^2\widehat{z'z'} + \cos^2\widehat{x'z} \cdot \cos^2\widehat{y'z'} + \cos^2\widehat{y'z} \cdot \cos^2\widehat{x'z'} \\
&+ 2\cos\widehat{x'y} \cdot \cos\widehat{x'z} \cdot \cos\widehat{y'z} + 2\cos\widehat{x'y} \cdot \cos\widehat{x'z'} \cdot \cos\widehat{y'z'} \\
&+ 2\cos\widehat{x'z} \cdot \cos\widehat{x'z'} \cdot \cos\widehat{z'z'} + 2\cos\widehat{y'z} \cdot \cos\widehat{y'z'} \cdot \cos\widehat{z'z'} \\
&- 2\cos\widehat{x'y} \cdot \cos\widehat{x'z} \cdot \cos\widehat{y'z'} \cdot \cos\widehat{z'z'} - 2\cos\widehat{x'y} \cdot \cos\widehat{y'z} \cdot \cos\widehat{x'z'} \cdot \cos\widehat{z'z'} \\
&- 2\cos\widehat{x'z} \cdot \cos\widehat{y'z} \cdot \cos\widehat{y'z'} \cdot \cos\widehat{z'z'} = 0\ldots\ldots\ldots\ldots\ldots\ldots (\text{M})
\end{aligned}$$

Maintenant que tous les angles marqués ci-dessus (A), (B), (C), (D), (E) sont connus, il nous reste à trouver les premières coordonnées x, y, z, en valeurs de ces angles connus, et des trois nouvelles coordonnées x', y', z'.

Pour cela, j'achève les deux parallélipipèdes A P Q R S M T, A$pqrs$Mt, le premier, construit sur les premières coordonnées x, y, z, prises pour arêtes partant du point A : le second, construit sur les nouvelles coordonnées x', y', z' également prises pour arêtes du même point A; ces deux parallélipipèdes ayant par conséquent pour diagonale commune le rayon vecteur $\overline{AM}$.

Or la seule inspection de la figure démontre que APTMtpA est un hexagone gauche dont les trois premiers côtés $\overline{AP}$, $\overline{PT}$, $\overline{TM}$, sont les anciennes coordonnées x, z, y; et les trois autres $\overline{Ap}$, $\overline{pt}$, $\overline{tM}$, sont les nouvelles coordonnées x', z', y', et que de plus les angles formés par ces droites deux à deux, sont ceux que font entre elles à l'origine A, les six arêtes $\overline{AP}$, $\overline{AQ}$, $\overline{AR}$; $\overline{Ap}$, $\overline{Aq}$, $\overline{Ar}$.

Mais on sait que dans tout polygone plan ou gauche, chacun des côtés est égal à la somme de tous les autres multipliés, chacun par le cosinus de l'angle qu'il forme avec le premier. Appliquant donc ce principe successivement à chacun des côtés $\overline{AP}$, $\overline{TM}$, $\overline{PT}$, ou x, y, z, de l'hexagone gauche APTMtpA, on aura les trois équations suivantes :

$$\left.\begin{aligned} x &= x'\cos\widehat{x'\,x'} + y'\cos\widehat{x\,y'} + z'\cos\widehat{x\,z'} - y\cos\widehat{x\,y} - z\cos\widehat{x\,z} \\ y &= x'\cos\widehat{y\,x'} + y'\cos\widehat{y\,y'} + z'\cos\widehat{y\,z'} - x\cos\widehat{y\,x} - z\cos\widehat{y\,z} \\ z &= x'\cos\widehat{z\,x'} + y'\cos\widehat{z\,y'} + z'\cos\widehat{z\,z'} - x\cos\widehat{z\,x} - y\cos\widehat{z\,y} \end{aligned}\right\} \cdots (N)$$

équations qui ne renferment plus que les trois anciennes coordonnées, les trois nouvelles, et les neuf angles, ou immédiatement donnés ou déterminés par les équations de condition ci-dessus.

Pour embrasser le problème de la transformation des coordonnées dans toute sa généralité, il faut résoudre ces trois équations, afin d'en tirer les valeurs de x, y, z; ces équations étant toutes du premier degré, l'opération n'est pas difficile; car si nous faisons pour abréger,

$$\left.\begin{array}{l} \cos x \widehat{\ } y = b,\ \cos x \widehat{\ } z = c,\ x' \cos x \widehat{\ } x' + y' \cos x \widehat{\ } y' + z' \cos x \widehat{\ } z' = d \\ \cos y \widehat{\ } x = e,\ \cos y \widehat{\ } z = g,\ x' \cos y \widehat{\ } x' + y' \cos y \widehat{\ } y' + z' \cos y \widehat{\ } z' = h \\ \cos z \widehat{\ } x = i,\ \cos z \widehat{\ } y = k,\ x' \cos z \widehat{\ } x + y' \cos z \widehat{\ } y' + z' \cos z \widehat{\ } z' = m \end{array}\right\} \cdots (P)$$

On aura par la méthode ordinaire des éliminations, les trois équations suivantes qui satisfont à la question proposée,

$$\left.\begin{array}{l} x = \dfrac{chk + bgm - dgk - bh - cm + d}{cek + bgi - gk - be - ci + 1} \\[2mm] y = \dfrac{cem + gdi - chi - gm - de + h}{cek + bgi - gk - be - ci + 1} \\[2mm] z = \dfrac{dek + bhi - bem - kh - di + m}{cek + bgi - gk - be - ci + 1} \end{array}\right\} \cdots\cdots\cdots Q$$

ce qu'il fallait trouver.

COROLLAIRE I.

69. Si l'on voulait connaître les trois angles $x\widehat{\ }y'$, $x\widehat{\ }z'$, $y\widehat{\ }z'$, que forment entre eux les nouveaux axes deux à deux, il n'y aurait qu'à considérer les six axes x, y, z, x', y', z' quatre à quatre, en prenant deux des anciens et deux des nouveaux; et comme des six angles que formeraient ces quatre droites, il y en aurait cinq de donnés, le sixième se trouverait par la formule du problème XXI (50); par exemple, l'angle $x'\widehat{\ }y'$ se trouvera en combinant ces quatre axes

$$x, y, x', y', \quad \text{ou} \quad x, z, x', y', \quad \text{ou} \quad y, z, x', y',$$

d'où l'on tire (50) les trois formules suivantes, dont chacune donne l'angle cherché $x'\widehat{\ }y'$. Ainsi l'on choisira parmi ces trois valeurs équivalentes entre elles, celle qui conviendra le mieux, suivant les circonstances :

$$1 - \cos^2\widehat{x\,y} - \cos^2\widehat{x\,x'} - \cos^2\widehat{y\,x'} - \cos^2\widehat{x\,y'} - \cos^2\widehat{y\,y'} - \cos^2\widehat{x\,y'}$$
$$+ \cos^2\widehat{x\,y} \cdot \cos^2\widehat{x\,y'} + \cos^2\widehat{x\,x'} \cdot \cos^2\widehat{y\,y'} + \cos^2\widehat{y\,x'} \cdot \cos^2\widehat{x\,y'}$$
$$+ 2\cos\widehat{x\,y} \cdot \cos\widehat{x\,x'} \cdot \cos\widehat{y\,x'} + 2\cos\widehat{x\,y} \cdot \cos\widehat{y\,y'} \cdot \cos\widehat{x\,y'}$$
$$+ 2\cos\widehat{x\,x'} \cdot \cos\widehat{x\,y'} \cdot \cos\widehat{x\,y'} + 2\cos\widehat{y\,x'} \cdot \cos\widehat{y\,y'} \cdot \cos\widehat{x\,y'}$$
$$- 2\cos\widehat{x\,y} \cdot \cos\widehat{x\,x'} \cdot \cos\widehat{y\,y'} \cdot \cos\widehat{x\,y'} - 2\cos\widehat{x\,y} \cdot \cos\widehat{y\,x'} \cdot \cos\widehat{x\,y'} \cdot \cos\widehat{x\,y'}$$
$$- 2\cos\widehat{x\,x'} \cdot \cos\widehat{y\,x'} \cdot \cos\widehat{y\,y'} \cdot \cos\widehat{x\,y'} = 0 \dots\dots\dots\dots\dots\dots (R)$$

$$1 - \cos^2\widehat{x\,z} - \cos^2\widehat{x\,x'} - \cos^2\widehat{z\,x'} - \cos^2\widehat{x\,y'} - \cos^2\widehat{z\,y'} - \cos^2\widehat{x\,y'}$$
$$+ \cos^2\widehat{x\,z} \cdot \cos^2\widehat{x\,y'} + \cos^2\widehat{x\,x'} \cdot \cos^2\widehat{z\,y'} + \cos^2\widehat{z\,x'} \cdot \cos^2\widehat{x\,y'}$$
$$+ 2\cos\widehat{x\,z} \cdot \cos\widehat{x\,x'} \cdot \cos\widehat{z\,x'} + 2\cos\widehat{x\,z} \cdot \cos\widehat{z\,y'} \cdot \cos\widehat{x\,y'}$$
$$+ 2\cos\widehat{x\,y'} \cdot \cos\widehat{x\,x'} \cdot \cos\widehat{x\,y'} + 2\cos\widehat{z\,x'} \cdot \cos\widehat{z\,y'} \cdot \cos\widehat{x\,y'}$$
$$- 2\cos\widehat{x\,z} \cdot \cos\widehat{x\,x'} \cdot \cos\widehat{z\,y'} \cdot \cos\widehat{x\,y'} - 2\cos\widehat{x\,z} \cdot \cos\widehat{z\,x'} \cdot \cos\widehat{x\,y'} \cdot \cos\widehat{x\,y'}$$
$$- 2\cos\widehat{x\,x'} \cdot \cos\widehat{z\,x'} \cdot \cos\widehat{z\,y'} \cdot \cos\widehat{x\,y'} = 0 \dots\dots\dots\dots\dots\dots (S)$$

$$1 - \cos^2\widehat{y\,z} - \cos^2\widehat{y\,x'} - \cos^2\widehat{z\,x'} - \cos^2\widehat{z\,y'} - \cos^2\widehat{x\,y'} - \cos^2\widehat{y\,y'}$$
$$+ \cos^2\widehat{y\,z} \cdot \cos^2\widehat{x\,y'} + \cos^2\widehat{y\,x'} \cdot \cos^2\widehat{z\,y'} + \cos^2\widehat{z\,x'} \cdot \cos^2\widehat{y\,y'}$$
$$+ 2\cos\widehat{y\,z} \cdot \cos\widehat{y\,x'} \cdot \cos\widehat{z\,x'} + 2\cos\widehat{y\,z} \cdot \cos\widehat{z\,y'} \cdot \cos\widehat{y\,y'}$$
$$+ 2\cos\widehat{y\,x'} \cdot \cos\widehat{y\,y'} \cdot \cos\widehat{x\,y'} + 2\cos\widehat{z\,x'} \cdot \cos\widehat{z\,y'} \cdot \cos\widehat{x\,y'}$$
$$- 2\cos\widehat{y\,z} \cdot \cos\widehat{y\,x'} \cdot \cos\widehat{z\,y'} \cdot \cos\widehat{x\,y'} - 2\cos\widehat{y\,x'} \cdot \cos\widehat{z\,x'} \cdot \cos\widehat{z\,y'} \cdot \cos\widehat{y\,y'}$$
$$- 2\cos\widehat{y\,z} \cdot \cos\widehat{z\,x'} \cdot \cos\widehat{y\,y'} \cdot \cos\widehat{x\,y'} = 0 \dots\dots\dots\dots\dots\dots (T)$$

COROLLAIRE II.

70. Si les trois premières coordonnées étaient rectangulaires, comme on le suppose ordinairement, on aurait évidemment

$$\cos\widehat{x\,y} = 0, \qquad \cos\widehat{x\,z} = 0, \qquad \cos\widehat{y\,z} = 0;$$

ainsi les termes affectés du signe négatif dans les formules (N) disparaîtraient, et ces formules se réduiraient aux suivantes :

$$\left. \begin{aligned} x &= x'\cos\widehat{x\,x'} + y'\cos\widehat{x\,y'} + z'\cos\widehat{x\,z'} \\ y &= x'\cos\widehat{y\,x'} + y'\cos\widehat{y\,y'} + z'\cos\widehat{y\,z'} \\ z &= x'\cos\widehat{z\,x'} + y'\cos\widehat{z\,y'} + z'\cos\widehat{z\,z'} \end{aligned} \right\} \dots\dots\dots (U).$$

Les équations de condition (K), (L), (M) trouvées ci-dessus se réduiraient à celles-ci :

$$\left.\begin{aligned}\cos^2 x \,\widehat{}\, x' + \cos^2 y \,\widehat{}\, x' + \cos^2 z \,\widehat{}\, x' &= 1 \\ \cos^2 x \,\widehat{}\, y' + \cos^2 y \,\widehat{}\, y' + \cos^2 z \,\widehat{}\, y' &= 1 \\ \cos^2 x \,\widehat{}\, z' + \cos^2 y \,\widehat{}\, z' + \cos^2 z \,\widehat{}\, z' &= 1 \end{aligned}\right\} \cdots\cdots (V);$$

et enfin les équations (R), (S), (T), combinées entre elles et appliquées de même successivement aux autres angles $x \,\widehat{}\, z'$, $y \,\widehat{}\, z'$, se réduiraient aux trois suivantes :

$$\left.\begin{aligned}\cos x \,\widehat{}\, y' &= \cos x \,\widehat{}\, x' . \cos x \,\widehat{}\, y' + \cos y \,\widehat{}\, x' . \cos y \,\widehat{}\, y' + \cos z \,\widehat{}\, x' . \cos z \,\widehat{}\, y' \\ \cos x \,\widehat{}\, z' &= \cos x \,\widehat{}\, x' . \cos x \,\widehat{}\, z' + \cos y \,\widehat{}\, x' . \cos y \,\widehat{}\, z' + \cos z \,\widehat{}\, x' . \cos z \,\widehat{}\, y' \\ \cos y \,\widehat{}\, z' &= \cos x \,\widehat{}\, y' . \cos x \,\widehat{}\, z' + \cos y \,\widehat{}\, y' . \cos y \,\widehat{}\, z' + \cos z \,\widehat{}\, y' . \cos z \,\widehat{}\, z' \end{aligned}\right\} \cdots (X).$$

COROLLAIRE III.

71. Si au lieu de connaître les angles $x \,\widehat{}\, y$, $x \,\widehat{}\, z$, $y \,\widehat{}\, z$, que forment entre eux les trois premiers axes, on connaissait les angles que forment entre eux les plans Axy, Axz, Ayz, qui contiennent deux à deux les arêtes partant du point A, angles que j'exprime (4) comme il suit :

$$\overline{Axy} \,\widehat{}\, \overline{Axz}, \quad \overline{Axy} \,\widehat{}\, \overline{Ayz}, \quad \overline{Axz} \,\widehat{}\, \overline{Ayz},$$

il n'y aurait qu'à prendre les formules données par le lemme II,

$$\cos x \,\widehat{}\, y = \frac{\cos . \overline{Axz} \,\widehat{}\, \overline{Ayz} + \cos \overline{Axy} \,\widehat{}\, \overline{Axz} . \cos \overline{Axy} \,\widehat{}\, \overline{Ayz}}{\sin \overline{Axy} \,\widehat{}\, \overline{Axz} . \sin \overline{Axy} \,\widehat{}\, \overline{Ayz}}$$

$$\cos x \,\widehat{}\, z = \text{etc.}$$

$$\cos y \,\widehat{}\, z = \text{etc.}$$

et l'on substituerait ces valeurs de $\cos x \,\widehat{}\, y$, $\cos x \,\widehat{}\, z$, $\cos y \,\widehat{}\, z$, dans les formules trouvées ci-dessus, ce qui donnerait toujours les valeurs des anciennes coordonnées en valeurs des nouvelles et d'angles connus.

ESSAI

SUR

LA THÉORIE DES TRANSVERSALES.

1. J'APPELLE *transversale* une ligne droite ou courbe qui traverse d'une manière quelconque un système d'autres lignes, soit droites, soit courbes; ou même un système de plans ou de surfaces courbes. Mais je ne parlerai dans cet Essai que des transversales droites et circulaires.

La théorie des transversales est curieuse par elle-même, et fournit souvent des démonstrations et des solutions très-élégantes, dans des questions compliquées. La simplicité et la fécondité de ses principes semblerait lui donner le droit d'être admise dans les élémens ordinaires de Géométrie.

2. Au fond, cette théorie est la même que celle des coordonnées; car si l'on suppose que MOM' soit une courbe rapportée à deux FIG. 1. axes $\overline{AP}$, $\overline{AQ}$, dont l'origine est au point A, que $\overline{AP}$, $\overline{PM}$ soient les coordonnées du point M, et que par le même point M, on mène entre les axes une transversale quelconque $\overline{pMq}$ sous un angle donné ApM; les deux triangles semblables pPM, pAq

9

donneront

$$\overline{PM} = \overline{pM}\,\frac{\sin PpM}{\sin pPM}, \qquad \overline{QM} = \overline{qM}\,\frac{\sin QqM}{\sin qQM};$$

donc en nommant x, y les coordonnées $\overline{AP}$, $\overline{PM}$ du point dé-
crivant M; x', y', les parties correspondantes $\overline{pM}$, $\overline{qM}$ de la
transversale; a, b, les angles donnés PAa, Apq, les équations
précédentes deviendront

$$y = y'\,\frac{\sin b}{\sin a}, \qquad x = x'\,\frac{\sin (a + b)}{\sin a};$$

d'où l'on voit qu'en substituant pour les coordonnées x, y dans
l'équation de la courbe MoM', leurs valeurs ci-dessus, on aura
une équation du même degré entre x', y'; c'est-à-dire, entre les
portions $\overline{Mp}$, $\overline{Mq}$, de la transversale $\overline{pMM'q}$.

Ainsi la théorie des transversales n'est, à proprement parler,
que la théorie des coordonnées qui, au lieu de faire un angle,
sont prises sur une même droite, ce qui paraît être un degré de
simplification; puisque d'ailleurs le degré de l'équation ne hausse
pas, et qu'on peut changer l'origine et la direction des transversales, comme on change l'origine et la direction des coordonnées.

THÉORÈME I.

3. *Si les trois côtés d'un triangle ou leurs prolongemens sont
coupés par une transversale quelconque indéfinie, il y aura sur
la direction de chacun des côtés du triangle, deux segmens
formés par la transversale, et tels que le produit de trois d'entre
eux, n'ayant aucune extrémité commune, est toujours égal au
produit des trois autres.*

FIG. 2,
3, 4 et 5. *Démonstration.* Soit ABC le triangle proposé, $\overline{abc}$ la transversale menée dans le plan de ce triangle, et coupant les côtés $\overline{BC}$,
$\overline{AC}$, $\overline{AB}$, ou leurs prolongemens respectivement en a, b, c; il
y aura sur la direction de chacun de ces côtés ou sur son pro-
longement, deux segmens formés par la transversale, c'est-à-dire,

deux portions comprises entre cette transversale et les angles placés sur cette direction ; savoir :

$$\overline{Ac} , \overline{Bc} \text{ sur } \overline{AB} ; \overline{Ab} , \overline{Cb} \text{ sur } \overline{AC} ; \overline{Ba} , \overline{Ca} \text{ sur } \overline{BC}.$$

Il s'agit donc de prouver que le produit $\overline{Ab}.\overline{Bc}.\overline{Ca}$, qui a pour facteurs les trois segmens $\overline{Ab}$, $\overline{Bc}$, $\overline{Ca}$, non contigus, ou qui n'ont point d'extrémités communes, est égal au produit $\overline{Ac}$, $\overline{Ba}$, $\overline{Cb}$, des trois autres segmens $\overline{Ac}$, $\overline{Ba}$, $\overline{Cb}$, qui sont également non contigus entre eux.

Or par le sommet de l'un quelconque des angles du triangle proposé, comme B, soit menée une parallèle au côté opposé $\overline{AC}$, et qui rencontre en k la transversale.

Les deux triangles semblables Abc, Bkc, d'une part, et de l'autre, les deux triangles semblables Cab, Bak donnent les deux proportions suivantes :

$$\overline{Ab} : \overline{Ac} :: \overline{Bk} : \overline{Bc},$$
$$\overline{Ca} : \overline{Cb} :: \overline{Ba} : \overline{Bk}.$$

Multipliant ces deux proportions, et effaçant les termes qui se détruisent, on a en égalant le produit des extrêmes au produit des moyens,

$$\overline{Ab} . \overline{Bc} . \overline{Ca} = \overline{Ac} . \overline{Ba} . \overline{Cb} \ldots \ldots \ldots \text{(A)}$$

ce qu'il fallait démontrer.

On voit que la même démonstration a lieu, soit que la transversale coupe l'aire même du triangle, ou qu'elle passe au dehors.

Ce théorème qui doit être regardé comme le principe fondamental de toute la théorie des transversales, est susceptible d'une très-grande généralisation : car il s'étend, comme on le verra par les théorèmes qui suivent, à tous les polygones soit plans, soit gauches, et même aux polygones sphériques.

COROLLAIRE I.

4. Les trois côtés du triangle et la transversale peuvent être regardés comme les quatre côtés d'un quadrilatère BCbc, et chacun des côtés de ce quadrilatère peut être pris à son tour pour transversale, à l'égard du triangle formé par les trois autres prolongés jusqu'à leurs rencontres respectives : ce qui donnera par la même raison, les quatre équations suivantes, parmi lesquelles est comprise la formule (A) trouvée ci-dessus :

$$\left.\begin{array}{l} \overline{Ab} \cdot \overline{Bc} \cdot \overline{Ca} = \overline{Ac} \cdot \overline{Ba} \cdot \overline{Cb} \\ \overline{AB} \cdot \overline{Cb} \cdot \overline{ac} = \overline{AC} \cdot \overline{Bc} \cdot \overline{ab} \\ \overline{Ac} \cdot \overline{BC} \cdot \overline{ab} = \overline{AB} \cdot \overline{Ca} \cdot \overline{bc} \\ \overline{AC} \cdot \overline{Ba} \cdot \overline{bc} = \overline{Ab} \cdot \overline{BC} \cdot \overline{ac} \end{array}\right\} \dots\dots\dots (B)$$

Mais il faut remarquer que ces quatre équations se réduisent à trois essentiellement différentes : car si, par exemple, on multiplie ensemble les trois premières, on aura la quatrième.

COROLLAIRE II.

5. Si l'on multiplie l'une par l'autre la première et la troisième des équations (B), et qu'on efface les termes qui se détruisent, on aura

$$\overline{BC} \cdot \overline{Bc} \cdot \overline{bA} \cdot \overline{ba} = \overline{bC} \cdot \overline{bc} \cdot \overline{BA} \cdot \overline{Ba} \dots\dots (C)$$

ou

$$\overline{BC} \cdot \overline{Bc} : \overline{bC} \cdot \overline{bc} :: \overline{BA} \cdot \overline{Ba} : \overline{bA} \cdot \overline{ba} \dots\dots (D)$$

c'est-à-dire, que dans le quadrilatère BCbc, le produit des deux côtés $\overline{BC}$, $\overline{Bc}$, adjacens à l'un des angles comme B, est au produit des deux côtés $\overline{bC}$, $\overline{bc}$, adjacens à l'angle opposé b, comme le produit des segmens $\overline{BA}$, $\overline{Ba}$, interceptés sur les premiers, depuis l'angle B d'où ils partent, jusqu'aux directions des deux autres prolongés au besoin, est au produit des segmens

$\overline{bA}$, $\overline{ba}$, interceptés depuis l'angle b d'où ils partent, jusqu'aux directions des deux premiers.

Remarque.

6. On obtient une formule de même nature en multipliant deux à deux les autres équations (B) du corollaire précédent; et comme la même démonstration a lieu, quelle que soit la disposition respective des quatre points B, C, b, c, tant qu'ils ne sortent pas du même plan, nous pouvons prendre ici le nom de quadrilatère, dans un sens plus étendu qu'on ne le fait ordinairement.

Nous entendons donc par quadrilatère en général, l'assemblage de quatre lignes droites qui joignent quatre points pris à volonté sur un plan, en les prenant dans quel ordre on veut, puis passant du premier au second, du second au troisième, du troisième au quatrième et du quatrième au premier; d'où il est aisé de voir que les quadrilatères peuvent être de trois formes différentes, savoir, le quadrilatère ordinaire BCbc (fig. 2), que je nomme quadrilatère de la première espèce; le quadrilatère à angle rentrant BCbc (fig. 3), que je nomme quadrilatère de la seconde espèce, et le quadrilatère BCbc (fig. 5), qui a la forme de deux triangles opposés par le sommet, et que je nomme quadrilatère de la troisième espèce.

Chacun de ces quadrilatères, considéré séparément, s'appelle quadrilatère simple; mais la figure qui résulte de leur assemblage, et qu'on obtient évidemment, en prolongeant tous les côtés d'un quadrilatère simple quelconque, jusqu'à leurs rencontres respectives; cette figure, dis-je, se nomme *quadrilatère complet.*

Le quadrilatère complet ABFCGDA est donc formé des trois quadrilatères simples ABCD, AFCG, BFDG: les diagonales de chacun d'eux sont les droites qui joignent le premier angle avec le troisième, et le second avec le quatrième. Ainsi les deux diagonales du quadrilatère ABCD de la première espèce sont $\overline{AC}$, $\overline{BD}$; celles du quadrilatère AFCG de la deuxième espèce sont $\overline{AC}$, $\overline{FG}$, et celles du quadrilatère BFDG de la troisième espèce sont $\overline{BD}$, $\overline{FG}$; ces six diagonales se réduisent, comme on

FIG. 6.

le voit, aux trois $\overline{AC}$, $\overline{BD}$, $\overline{FG}$; d'où il suit que le quadrilatère simple a seulement deux diagonales, mais que le quadrilatère complet en a trois. Les points h, k, l indiquent les trois intersections de ces diagonales prises deux à deux, et cette figure a des propriétés infiniment remarquables, comme on l'a déjà vu par le théorème précédent, et comme on le verra encore dans ce qui doit suivre.

THÉORÈME II.

7. *Si tous les côtés d'un polygone plan, ou leurs prolongemens, sont coupés par une transversale quelconque indéfinie, il y aura sur chacun de ces côtés, ou sur son prolongement, deux segmens formés par la transversale, tels que le produit de tous ceux de ces segmens qui n'ont point d'extrémités communes sera égal au produit de tous les autres, et chacun de ces produits aura autant de facteurs qu'il y a de côtés au polygone.*

FIG. 7. *Démonstration.* Soit, par exemple, le pentagone ABCDE, coupé par la transversale $mnpqr$: je dis qu'on aura

$$\overline{Am}.\overline{Bn}.\overline{Cr}.\overline{Dp}.\overline{Eq} = \overline{Aq}.\overline{Bm}.\overline{Cn}.\overline{Dr}.\overline{Ep},$$

équation à deux termes, dans laquelle on voit que chacun d'eux est composé de cinq facteurs, nombre égal à celui des côtés du polygone, et tels que tous ceux de ces facteurs qui entrent dans le même terme n'ont point d'extrémités communes, puisqu'en effet aucune des dix lettres A, B, C, D, E, m, n, p, q, r, s, t, qui désignent les extrémités de ces segmens, ne se trouve deux fois dans le même membre.

Pour démontrer cette proposition, de l'un quelconque des angles du polygone, comme A, menons des diagonales $\overline{AC}$, $\overline{AD}$, à tous les autres, et prolongeons, tant ces diagonales que les côtés du polygone, jusqu'à la transversale en m, n, p, q, r, s, t. Cela posé, par le théorème premier, les triangles ABC, ACD, AED, considérés séparément comme coupés par la transversale proposée, donneront

$$\overline{Am}.\overline{Bn}.\overline{Cs} = \overline{As}.\overline{Bm}.\overline{Cn}$$

$$\overline{As}.\overline{Cr}.\overline{Dt} = \overline{At}.\overline{Cs}.\overline{Dr}$$

$$\overline{At}.\overline{Dp}.\overline{Eq} = \overline{Aq}.\overline{Dt}.\overline{Ep}.$$

Multipliant ensemble toutes ces équations et effaçant les termes qui se détruisent, nous aurons

$$\overline{Am}.\overline{Bn}.\overline{Cr}.\overline{Dp}.\overline{Eq} = \overline{Aq}.\overline{Bm}.\overline{Cn}.\overline{Dr}.\overline{Ep},\ldots\ldots(A),$$

ce qu'il fallait prouver.

Ce théorème est une généralisation du théorème premier et un cas particulier du suivant.

THÉOREME III.

8. *Si tous les côtés d'un polygone gauche, ou leurs prolongemens, sont coupés par un plan que j'appellerai transversal, il y aura sur chacun de ses côtés ou sur son prolongement, deux segmens formés par le plan transversal, tels que le produit de tous ceux de ces segmens qui n'ont point d'extrémités communes, sera égal au produit de tous les autres, et chacun de ces produits aura autant de facteurs qu'il y a de côtés au polygone.*

Démonstration. En regardant *mnpqrst* non comme une droite, ᴠɪɢ. 7. mais comme le plan transversal dont il s'agit, projeté sur un autre plan qui lui soit perpendiculaire, le raisonnement sera absolument le même que celui qui a été fait dans la démonstration du théorème précédent, et l'on trouvera pareillement

$$\overline{Am}.\overline{Bn}.\overline{Cr}.\overline{Dp}.\overline{Eq} = \overline{Aq}.\overline{Bm}.\overline{Cn}.\overline{Dr}.\overline{Ep}\ldots\ldots(A),$$

ce qu'il fallait prouver.

Il faut remarquer que dans cette formule, $\overline{Am}$, $\overline{Bn}$, $\overline{Cr}$, etc. expriment les segmens même formés sur les côtés du polygone gauche proposé, et non pas leurs simples projections sur le plan perpendiculaire au plan transversal.

Le théorème suivant montre que cette théorie s'étend au cas où la transversale est une ligne circulaire.

THÉORÈME IV.

9. *Si tous les côtés d'un polygone plan quelconque sont coupés par une transversale circulaire, c'est-à-dire, s'ils sont tous, ou leurs prolongemens, rencontrés par la circonférence d'un cercle, cette circonférence coupant chacun des côtés en deux points, déterminera sur chacun d'eux quatre segmens entre elle et les angles qui terminent ce côté. Or de tous ces segmens, le produit de la moitié pris pour facteurs, sera égal au produit de tous les autres, en les prenant tous de manière qu'il n'en entre jamais deux dans le même produit qui aient pour extrémité un même point de la circonférence.*

FIG. 8. *Démonstration.* Je me bornerai à démontrer cette proposition sur le triangle, le même raisonnement étant applicable à tout autre polygone. Soit donc ABC le triangle proposé, dont le côté $\overline{BC}$ soit rencontré en a, a', par la transversale circulaire, le côté $\overline{AC}$ en b, b', et le côté $\overline{AB}$ en c, c', desorte que, par exemple, les quatre segmens formés sur $\overline{AB}$ par la circonférence, seront $\overline{Ac}$, $\overline{Ac'}$, $\overline{Bc}$, $\overline{Bc'}$; il s'agit donc de prouver qu'on doit avoir

$$\overline{Ab}.\overline{Ab'}.\overline{Bc}.\overline{Bc'}.\overline{Ca}.\overline{Ca'} = \overline{Ac}.\overline{Ac'}.\overline{Ba}.\overline{Ba'}.\overline{Cb}.\overline{Cb'} \ldots\ldots(A).$$

Or cette proposition est facile à appercevoir, car par la propriété des sécantes au cercle, on a les trois équations suivantes:

$$\overline{Ab}.\overline{Ab'} = \overline{Ac}.\overline{Ac'}, \quad \overline{Bc}.\overline{Bc'} = \overline{Ba}.\overline{Ba'}, \quad \overline{Ca}.\overline{Ca'} = \overline{Cb}.\overline{Cb'}.$$

Multipliant ensemble ces trois équations, on aura la formule (A), *ce qu'il fallait prouver.*

COROLLAIRE.

10. Il est aisé de voir que la même démonstration aurait lieu pour tout autre polygone que le triangle, et qu'elle serait applicable également, en la modifiant comme au théorème III, si ce polygone, au lieu d'être plan, était gauche, en supposant qu'alors tous les côtés fussent coupés par une surface sphérique, tenant lieu du plan transversal dont il a été question dans ce théorème III.

L'ellipse pouvant être considérée comme une projection du cercle, il est aisé de lui appliquer la proposition précédente, puisque les projections des parties d'une même droite sont entre elles en même rapport que ces parties elles-mêmes; d'où il suit que le rapport des deux membres de l'équation (A) étant 1 pour le cercle, doit rester 1 pour l'ellipse.

Cette proposition a lieu également pour toutes les autres sections coniques, et lorsque le polygone est gauche, elle s'applique aux surfaces formées par la révolution de ces courbes autour de leur axe.

Mais cette même proposition est susceptible d'une beaucoup plus grande généralité, car elle s'étend à toutes les courbes géométriques prises pour transversales lorsque le polygone est plan, et à toutes les surfaces dont les sections faites par des plans quelconques sont des courbes géométriques, lorsque le polygone est gauche. Mais mon intention étant de ne m'occuper ici que des transversales droites et circulaires, je me borne à indiquer ces objets, sur lesquels on peut consulter ma Géométrie de position.

THÉORÈME V.

11. *Si par un point quelconque pris dans le plan d'un triangle, on mène sur chacun des côtés une transversale qui passe par l'angle opposé, on obtiendra sur chacun de ces côtés deux segmens, tels que le produit de trois d'entre eux n'ayant aucune extrémité commune, sera égal au produit des trois autres.*

10

Démonstration. Soit ABC le triangle proposé, D le point pris à volonté dans le plan de ce triangle; $\overline{Aa}$, $\overline{Bb}$, $\overline{Cc}$ les droites menées de ce point sur les côtés $\overline{BC}$, $\overline{AC}$, $\overline{AB}$, en passant par les sommets A, B, C, des angles respectivement opposés. On obtiendra sur le côté BC, les deux segmens $\overline{Ba}$, $\overline{Ca}$, sur le côté $\overline{AC}$ les deux segmens $\overline{Ab}$, $\overline{Cb}$, et enfin sur le côté $\overline{AB}$ les deux segmens $\overline{Ac}$, $\overline{Bc}$; il s'agit donc de prouver que le produit Ca des trois segmens $\overline{Ab}$, $\overline{Bc}$, $\overline{Ca}$, non contigus, ou qui n'ont point d'extrémités communes, est égal au produit des trois autres segmens qui sont également non contigus; c'est-à-dire, qu'on a

$$\overline{Ab} \cdot \overline{Bc} \cdot \overline{Ca} = \overline{Ac} \cdot \overline{Ba} \cdot \overline{Cb}.$$

Considérons, par exemple, les deux triangles AaB, AaC, coupés respectivement par les transversales $\overline{Cc}$, $\overline{Bb}$; ils donneront par le théorème I,

$$\overline{Ac} \cdot \overline{BC} \cdot \overline{aD} = \overline{AD} \cdot \overline{Bc} \cdot \overline{Ac},$$
$$\overline{AD} \cdot \overline{aB} \cdot \overline{Cb} = \overline{aD} \cdot \overline{BC} \cdot \overline{Ab}.$$

Multipliant ces deux proportions, et effaçant les termes qui se détruisent, on a

$$\overline{Ab} \cdot \overline{Bc} \cdot \overline{Ca} = \overline{Ac} \cdot \overline{Ba} \cdot \overline{Cb} \ldots\ldots\ldots (A)$$

ce qu'il fallait démontrer.

Cette proposition a également lieu comme on le voit, soit que le point D d'où partent les trois transversales, soit pris sur l'aire même du triangle, soit qu'il soit pris au dehors.

THÉOREME VI.

12. *Dans tout quadrilatère complet ayant ses trois diagonales, chacune d'elles est coupée par les deux autres en segmens proportionnels.*

Soit ABFCGDA le quadrilatère complet proposé , avec ses dia- FIG. 6.
gonales $\overline{AC}$, $\overline{BD}$, $\overline{FG}$, qui se coupent respectivement en l, k, h;
il s'agit donc de prouver , que l'une quelconque d'entre elles ,
comme $\overline{AC}$, par exemple , est coupée en l et en h, de manière
que les segmens $\overline{Al}$, $\overline{Cl}$, formés par l'une d'entre elles $\overline{BD}$, font
entre eux comme les segmens $\overline{Ah}$, $\overline{Ch}$, déterminés par l'autre
$\overline{FG}$ sur la même première diagonale $\overline{AC}$, c'est-à-dire qu'on a

$$\overline{Al} : \overline{Cl} :: \overline{Ah} : \overline{Ch}.$$

Pour cela , je considère le triangle ABC, qui a pour ses sommets, trois de ceux du quadrilatère simple ABCD , dont $\overline{AC}$ est
la diagonale. Ce triangle étant coupé par trois transversales partant d'un même point D pris dans son plan et passant par ses
trois angles , nous devons avoir par le théorème précédent ,

$$\overline{Al} . \overline{CG} . \overline{BF} = \overline{Cl} . \overline{BG} . \overline{AF}.$$

d'un autre côté , ce même triangle coupé par la transversale $\overline{KFG}$
qui ne passe par aucun de ses angles , donne , en vertu du théorème I,

$$\overline{AF} . \overline{Ch} . \overline{BG} = \overline{BF} . \overline{Ah} . \overline{CG}.$$

Multipliant ces deux équations l'une par l'autre , et effaçant les
termes qui se détruisent , nous aurons

$$\overline{Al} . \overline{Ch} = \overline{Ah} . \overline{Cl}\ldots\ldots\ldots\ldots (A),$$
ou $\ldots\ldots\ldots \overline{Al} : \overline{Cl} :: \overline{Ah} : \overline{Ch} \ldots\ldots\ldots\ldots (B)$

ce qu'il fallait démontrer.

Par la même raison , nous aurons pour chacune des deux autres
diagonales BD , FG du quadrilatère complet ABFCGD ,

$$\overline{Bl} : \overline{Dl} :: \overline{Bk} : \overline{Dk},$$
$$\overline{Fk} : \overline{Gk} :: \overline{Fh} : \overline{Gh}.$$

COROLLAIRE.

FIG. 6. 13. Si par le point k on imagine une nouvelle transversale $k\overline{B'l'D'}$, qui coupe les droites $\overline{AF}$, $\overline{Ah}$, $\overline{AG}$, respectivement aux points B', l', D', la partie $\overline{B'D'}$ de cette transversale, interceptée entre les côtés $\overline{AB}$, $\overline{AD}$ du quadrilatère, sera coupée, de même que $\overline{BD}$, en segmens proportionnels, par les points k, l'; c'est-à-dire qu'on aura

$$\overline{B'l'} : \overline{D'l'} :: \overline{B'k} : \overline{D'k} :$$

car si l'on conçoit les droites $\overline{GB'}$, $\overline{FD'}$ elles formeront avec les droites $\overline{AB'}$, $\overline{AD'}$, un nouveau quadrilatère AB'C'D', qui aura les mêmes propriétés que le quadrilatère ABCD. Or $\overline{B'D'}$ et $\overline{FG}$ sont évidemment deux de ses diagonales; donc $\overline{FG}$ devra être coupée en segmens proportionnels par les deux autres. Donc, puisque l'une de ces autres diagonales passe par le point k, l'autre passera par le point h; donc cette autre diagonale se confondra avec $\overline{AC}$ pour sa direction; c'est-à-dire, que l'angle C' du nouveau quadrilatère tombe sur la droite $\overline{AC}$; donc, conformément au théorème, on a réellement

$$\overline{B'l'} : \overline{D'l'} :: \overline{B'k} : \overline{D'k} \ldots \ldots \ldots \ldots (C)$$

On voit, par ce qui vient d'être dit, que le point C' se trouvant sur $\overline{AC}$, il doit en être de même, quelle que soit la position de la transversale $k\overline{B'D'}$; et que parconséquent la droite $\overline{Ah}$ sera le lieu de tous les points C, C', etc. déterminés par le croisement des droites menées des points F, G, aux points D', B'.

THÉORÈME VII.

FIG. 11. 14. *Si une droite quelconque $\overline{BD}$ est coupée aux points* b, d, *en segmens proportionnels, je dis que si d'un autre point quel-*

conque A de l'espace ; on mène aux quatre points de division
B, D, b, d, quatre droites $\overline{AB}$, $\overline{AD}$, $\overline{Ab}$, $\overline{Ad}$; toute autre
transversale $\overline{B'D'}$, menée entre les droites $\overline{AB}$, $\overline{AD}$, sera
coupée, comme la première $\overline{BD}$, en segmens proportionnels par
les droites $\overline{Ab}$, $\overline{Ad}$.

Démonstration. Par hypothèse, nous avons

$$\overline{Bb} : \overline{Bd} :: \overline{Db} : \overline{Dd}.$$

Or les triangles BAb, BAd ; DAb, DAd, donnent

$$\overline{Bb} = \overline{AB}\,\frac{\sin BAb}{\sin AbB}, \quad \overline{Bd} = \overline{AB}\,\frac{\sin BAd}{\sin AdB}, \quad \overline{Db} = \overline{AD}\,\frac{\sin DAb}{\sin AbD}, \quad \overline{Dd} = \overline{AD}\,\frac{\sin DAd}{\sin AdD} ;$$

Substituant ces valeurs de $\overline{Bb}$, $\overline{Bd}$, $\overline{Db}$, $\overline{Dd}$, dans la proportion
précédente, et réduisant, on aura

$$\sin BAb : \sin BAd :: \sin DAb : \sin DAd \ldots\ldots\ldots (A)$$

Donc réciproquement, si cette relation a lieu entre les quatre
angles BAb, BAd, DAb : DAd, la droite $\overline{BD}$ sera nécessairement coupée aux points b, d, en segmens proportionnels, puisque si
cela n'était pas, il faudrait pour que cela fût, prendre le point d
plus près ou plus loin du point D, les trois points B, b, D restant
les mêmes. Mais alors la relation des angles ne serait plus la même ;
donc, puisqu'on la suppose donnée, la droite $\overline{BD}$ est réellement
coupée en segmens proportionnels aux points B, D.

Or ce que je viens de dire de la droite $\overline{BD}$, peut se dire
également de toute autre droite $\overline{B'D'}$; donc cette droite $\overline{B'D'}$ est
aussi coupée en segmens proportionnels aux points b', d' ; *ce qu'il
fallait démontrer.*

COROLLAIRE I.

15. On doit remarquer que la démonstration précédente est
composée de deux parties qui forment deux propositions distinctes
très-remarquables l'une et l'autre. La première est que si une

droite $\overline{BD}$ étant coupée en segmens proportionnels aux points b, d, on mène d'un point quelconque Adc l'espace, les quatre droites $\overline{AB}$, $\overline{AD}$, $\overline{Ab}$, $\overline{Ad}$, les angles formés au point auront la relation suivante :

$$\sin BAb : \sin BAd :: \sin DAb : \sin DAd \dots\dots\dots (A)$$

La seconde est que réciproquement, si quatre droites partant d'un même point A, et tracées dans un même plan, forment entre elles des angles qui aient la relation dont on vient de parler, toute droite comme $\overline{BD}$ ou $\overline{B'D'}$, tirée entre les côtés $\overline{AB}$, $\overline{AD}$ de l'angle BAD, sera coupée par les deux autres $\overline{Ab}$, $\overline{Ad}$ en segmens proportionnels.

COROLLAIRE II.

16. La proportion $\overline{Bb} : \overline{Bd} :: \overline{Db} : \overline{Dd}$ donne, en renversant les termes,

$$\overline{dD} : \overline{dB} :: \overline{bD} : \overline{bB} \dots\dots\dots\dots (B)$$

c'est-à-dire que si une droite $\overline{BD}$ est divisée en segmens proportionnels aux points b, d ; réciproquement $\overline{db}$ sera coupée en segmens proportionnels aux points D, B.

D'où il suit, d'après ce qui vient d'être dit, qu'on aura aussi

$$\sin bAD : \sin dAB :: \sin bAD : \sin bAB \dots\dots (C)$$

COROLLAIRE III.

17. Nous avons vu par le corollaire du théorème VI, que la droite $\overline{B'D'}$, menée entre $\overline{AB}$, $\overline{AD}$, et passant par le point k, est coupée en segmens proportionnels aux points k et l'. Nous pouvons maintenant généraliser cette proposition ; car si l'on mène la droite $\overline{Ak}$, et que par un point quelconque o de cette droite, on mène une transversale $\overline{ompn}$; la droite $\overline{mn}$ sera coupée en segmens proportionnels aux points o, p ; c'est-à-dire, qu'on aura

$$\overline{mo} : \overline{mp} :: \overline{no} : \overline{np} \dots\dots\dots\dots (D)$$

ce qui est évident par le théorème VII, puisque la droite $\overline{FG}$ comprise entre les mêmes droites $\overline{AF}$, $\overline{AG}$, que la droite mn est coupée en segmens proportionnels par les droites $\overline{Ak}$, $\overline{Ah}$, qui coupent l'autre aux points o, p.

THÉORÈME VIII.

18. *Si l'on coupe un quadrilatère simple quelconque par une transversale ; la portion de cette transversale interceptée entre les deux diagonales, sera coupée en segmens proportionnels par les deux droites menées du point d'intersection de ces deux diagonales, aux deux points de concours des côtés opposés du quadrilatère.*

Démonstration. Soit ABCD le quadrilatère simple proposé, F IG. 12. $\overline{AC}$, $\overline{BD}$ seront ses deux diagonales, K leur point de concours, F le point de concours des côtés opposés $\overline{AB}$, $\overline{CD}$ du quadrilatère proposé, et enfin C le point de concours des côtés opposés $\overline{AD}$, $\overline{BC}$ du même quadrilatère. Il s'agit donc de prouver que toute transversale mn, menée entre ces deux diagonales, sera coupée en segmens proportionnels par les points p, q, où elle est coupée par les droites $\overline{KG}$, $\overline{KF}$, menées du point d'intersection K des diagonales, aux points d'intersection G, F des côtés opposés du quadrilatère; c'est-à-dire, qu'on doit avoir

$$\overline{mp} : \overline{mq} :: \overline{np} : \overline{nq}.$$

Considérons le quadrilatère complet GDAKBCG : ses trois diagonales seront $\overline{KG}$, $\overline{CD}$, $\overline{AB}$; et par le théorème VI, chacune d'elles est coupée par les deux autres en segmens proportionnels. Appliquant donc ce principe à la diagonale $\overline{AB}$, il se trouvera que cette droite $\overline{AB}$ comprise entre les droites $\overline{KA}$, $\overline{KB}$, sera coupée aux points o et F, en segmens proportionnels par les deux autres droites $\overline{KG}$, $\overline{KF}$ partant du même point K; donc par le théorème **VII**, toute autre transversale, comme mn, comprise entre les deux premières $\overline{KA}$, $\overline{KB}$, sera de même divisée par les deux autres $\overline{KG}$, $\overline{KF}$ en segmens proportionnels. Or cette transversale $\overline{mn}$ est rencontrée par ces dernières en p et q : donc on a

$$\overline{mp} : \overline{mq} :: \overline{np} : \overline{nq}\dots\dots\dots\dots(A)$$

ce qu'il fallait prouver.

THÉORÈME IX.

19. *Si une même droite sert d'intersection commune à quatre points différens, et qu'ayant mené à volonté entre deux de ces plans une transversale indéfinie; cette transversale se trouve coupée par les deux autres plans en segmens proportionnels; toute autre transversale menée entre les deux premiers plans, sera coupée aussi par les deux autres en segmens proportionnels.*

Démonstration. Supposons que tout le système soit représenté en projection, sur un plan perpendiculaire à la droite qui sert d'intersection aux quatre plans proposés. Que A soit la projection de cette intersection commune $\overline{AB}$; $\overline{AD}$, $\overline{Ab}$, $\overline{Ad}$, celles des quatre plans proposés, $\overline{BD}$ la droite qui, par hypothèse étant menée entre les deux plans $\overline{AB}$, $\overline{AD}$, est coupée en segmens proportionnels aux points b, d, par les deux autres; enfin $\overline{B'D'}$ une autre transversale quelconque comprise entre les plans $\overline{AB}$, $\overline{AD}$, et rencontrée par les deux autres en b', d'. Il s'agit donc de prouver qu'on doit toujours avoir

$$\overline{Bb'} : \overline{Bd'} :: \overline{Db'} : \overline{Dd'}.$$

Je mène la droite $\overline{B'd}$, et par les droites $\overline{Bd}$, $\overline{B'd}$, j'imagine un plan qui ira couper la droite A en un point quelconque. Quel que soit ce point, la droite $B'D''$ sera (14) coupée en segmens proportionnels aux points b'', d. Maintenant, imaginons par les deux droites $\overline{B'd}$, $\overline{B'd'}$, un nouveau plan qui coupera encore l'inter-

FIG. 13.

section commune A en un point quelconque. Quel que soit ce point, la droite $\overline{B'D''}$ étant, comme on vient de le voir, coupée en segmens proportionnels aux points b'', d; l'autre $\overline{B'D'}$ sera également coupée en segmens proportionnels aux points b', d' : donc on aura

$$\overline{B'b'} : \overline{B'd'} :: \overline{D'b'} : \overline{D'd'}\dots\dots\dots(A)$$

Ce qu'il fallait prouver.

COROLLAIRE.

20. Il suit de là évidemment, que si quatre plans quelconques AB, Ab, AD, Ad ayant une intersection commune A, la relation des angles qu'ils forment entre eux, est

$$\sin \mathrm{BA}b : \sin \mathrm{BA}d :: \sin \mathrm{DA}b : \sin \mathrm{DA}d.$$

La même relation existera entre les angles formés par les intersections de ces quatre plans avec un cinquième plan quelconque.

THÉORÈME X.

21. *Si d'un point quelconque A pris hors d'une droite $\overline{BK}$*, ꜰɪɢ. 14. *on mène à cette ligne tant d'autres droites $\overline{AB}, \overline{AC}, \overline{AD}, \overline{AE}$ qu'on voudra, et qu'ayant mené du point K une transversale $\overline{Kb}$, qui coupe toutes ces droites partant du point A en* b, c, d, e, *on trace les diagonales $\overline{Bc}$, $\overline{Cb}$, $\overline{Cd}$, $\overline{Dc}$, etc. de tous les quadrilatères* BCcb, CDdc, BDdb, *etc.; je dis que tous les points de croisement* m, n, p, *etc., des diagonales de chacun de ces quadrilatères, seront dans une même droite qui passera par le point K.*

Démonstration. Prenons, par exemple, le point m; la droite $\overline{Km}$ est l'une des diagonales du quadrilatère complet KcbmBCK, et les deux autres sont $\overline{Bb}$, $\overline{Cc}$. Or par le théorème VI, chacune de ces trois diagonales est coupée par les deux autres en segmens

11

proportionnels ; donc si la droite $\overline{Km}$ coupe $\overline{Bb}$ en K′, les points A et K′ couperont cette droite Bb en segmens proportionnels. Donc par le théorème VII, chacune des autres droites $\overline{Cc}$, $\overline{Dd}$, $\overline{Ee}$, sera pareillement coupée par la même droite $\overline{Km}$, en segmens proportionnels.

Mais par la même raison, la droite $\overline{Kn}$ doit couper de même toutes les droites $\overline{Bb}$, $\overline{Cc}$, $\overline{Dd}$, $\overline{Ee}$ en segmens proportionnels ; ainsi des autres, comme p, etc.

Donc toutes les droites $\overline{Km}$, $\overline{Kn}$, $\overline{Kp}$ ne forment qu'une seule et même droite partant du point K. *Ce qu'il fallait prouver.*

THÉORÈME XI.

FIG. 14. 22. *Si d'un point quelconque A pris hors d'un plan représenté par la droite* $\overline{BK}$, *on mène à ce plan tant de droites* $\overline{AB}$, $\overline{AC}$, $\overline{AD}$, $\overline{AE}$ *qu'on voudra ; et qu'ayant mené un plan transversal représenté par* $\overline{bK}$, *et dont l'intersection avec le premier soit représentée par le point K, lequel coupe les lignes menées du point A aux points b, c, d, e ; on trace dans chacun des quadrilatères BCcb, CDdc, BDdb, etc. qui en résulteront, les deux diagonales* $\overline{Bc}$, $\overline{Cb}$; $\overline{Cd}$, $\overline{Dc}$, *etc. Je dis que tous les points de croisement* m, n, p *de ces diagonales, se trouveront dans un même plan, qui passera par la ligne d'intersection K des deux plans* $\overline{BK}$, $\overline{bK}$.

Démonstration. Par l'intersection K et le point de croisement m, j'imagine un plan, et je suppose que ce plan coupe, suivant la droite $\overline{Km}$, celui qui contient les droites $\overline{AB}$, $\overline{AC}$; il est clair, par le théorème VI, que si K′ est le point d'intersection de cette droite $\overline{Km}$ avec $\overline{Bb}$, cette dernière $\overline{Bb}$ sera coupée par les points A, K′, en segmens proportionnels. Donc, par le théorème VIII, toutes les autres droites $\overline{Cc}$, $\overline{Dd}$, $\overline{Ee}$, interceptées entre les deux plans $\overline{KB}$, $\overline{Kb}$, seront coupées de même en segmens proportionnels par le plan $\overline{KK'}$ et le point A.

Mais, par la même raison, le plan qui passe par l'intersection K et le point n, coupe avec le point A toutes ces droites $\overline{Bb}$, $\overline{Cc}$, $\overline{Dd}$, $\overline{Ee}$, en segmens proportionnels. Ainsi des autres, comme p, etc.

Donc les plans qui passent par l'intersection K et par chacun des points m, n, p, ne sont qu'un seul et même plan. *Ce qu'il fallait prouver.*

THÉORÈME XII.

23. *Si chacune des arêtes qui partent du sommet A d'une* Fig. 15. *pyramide triangulaire $ABCD$, on prend à volonté un point* m, n, p, *pour former le triangle* mnp *sur la surface extérieure de cette pyramide, et qu'ayant imaginé les diagonales* $\overline{Bn}$, $\overline{Cm}$, $\overline{Cp}$, $\overline{Dn}$, $\overline{Dm}$, $\overline{Bp}$, *on mène encore par le sommet A et les points de croisement D', B', C', les transversales* $\overline{Aa}$, $\overline{Aa'}$, $\overline{Aa''}$. *Je dis que*,

1°. *Les transversales* $\overline{Da}$, $\overline{Ba'}$, $\overline{Ca''}$, *se croiseront toutes en un même point A' de la base.*

2°. *Les quatre transversales* $\overline{AA'}$, $\overline{BB'}$, $\overline{CC'}$, $\overline{DD'}$ *se croiseront aussi toutes en un même point K de l'espace.*

3°. *Le plan qui passera par les trois points B', C', D', et les deux autres plans BCD,* b, c, d, *auront tous trois une intersection commune.*

Démonstration. Par le théorème V, les trois triangles ABC, ACD, ABD, coupés chacun par trois transversales partant de ses angles, et se croisant en un même point D', B', C', donnent ces trois équations

$$\overline{Am} \cdot \overline{Ba} \cdot \overline{Cn} = \overline{An} \cdot \overline{Bm} \cdot \overline{Ca},$$

$$\overline{An} \cdot \overline{Ca'} \cdot \overline{Dp} = \overline{Ap} \cdot \overline{Cn} \cdot \overline{Da'},$$

$$\overline{Ap} \cdot \overline{Da''} \cdot \overline{Bm} = \overline{Am} \cdot \overline{Dp} \cdot \overline{Ba'}.$$

Multipliant toutes ces équations, et effaçant les termes qui se détruisent, on aura

$$\overline{Ba} \cdot \overline{Ca'} \cdot \overline{Da''} = \overline{Ca} \cdot \overline{Da'} \cdot \overline{Ba''};$$

équation qui, par le même théorème, prouve que les trois transversales $\overline{Da}$, $\overline{Ba'}$, $\overline{Ca''}$, se croisent toutes en un même point A'; Ce qui est la première partie de la proposition que nous avons à démontrer.

Maintenant, menons $\overline{AA'}$. Cette droite est donc tout-à-la-fois dans les trois plans ADa, ABa', ACa''. Donc, puisque $\overline{Aa}$ passe par le point de croisement D' de $\overline{Cm}$ et $\overline{Bn}$, la droite $\overline{DD'}$ sera dans le même plan qui contient $\overline{AA'}$, et par conséquent la coupera en un point. Par un semblable raisonnement, on prouvera que les quatre droites $\overline{AA'}$, $\overline{BB'}$, $\overline{CC'}$, $\overline{DD'}$, se coupent toutes deux à deux. Donc la droite $\overline{CC'}$, par exemple, qui n'est pas dans le plan ADa, où sont contenues $\overline{AA'}$, $\overline{DD'}$, les coupe cependant l'une et l'autre; ce qui ne peut avoir lieu, sans qu'elle passe par leur point de croisement. Donc les quatre droites $\overline{AA'}$, $\overline{BB'}$, $\overline{CC'}$, $\overline{DD'}$, se croisent trois à trois dans un même point : donc elles se croisent toutes quatre au même point. Ce qui est la seconde partie de la proposition que nous avons à démontrer.

Puisque le point B' est, par hypothèse, le point de croisement des droites imaginées $\overline{Cp}$, $\overline{Dn}$; si par ce point B' et le point de concours des droites $\overline{CD}$, $\overline{np}$, on conçoit une transversale, elle coupera (12) avec le point A, chacune des droites $\overline{Cn}$, $\overline{Dp}$ en segmens proportionnels. Pareillement, la transversale menée par C' et par le point de croisement des lignes imaginées $\overline{Bp}$, $\overline{Dm}$, coupera avec le point A, chacune des droites $\overline{Bm}$, $\overline{Dp}$, en segmens proportionnels. Donc le plan qui contient B', C', et le point où $\overline{Dp}$ est coupée par A et par les transversales mentionnées ci-dessus, en segmens proportionnels, passe par les points de concours des droites $\overline{CD}$ et $\overline{np}$, $\overline{BD}$ et $\overline{mp}$, et par conséquent par l'intersection commune des plans BCD, *mnp*. On prouvera de même que le point D′ est contenu dans le même plan ; donc le plan qui contient B′, C′, D′ et les deux autres plans BCD, *mnp*, ont la même intersection. *Ce qui restait à démontrer.*

Il est à remarquer que la même démonstration a lieu soit que les points *m*, *n*, *p* se trouvent placés sur les arêtes mêmes de la pyramide, soit qu'ils se trouvent sur le prolongement de ces arêtes au-delà des points D, C, D ; alors le point K peut se trouver hors de la pyramide. Ainsi A, B, C, D, K peuvent être considérés comme cinq points quelconques pris à volonté dans l'espace, auxquels on peut appliquer, en les prenant quatre à quatre, dans un ordre quelconque, tout ce qui vient d'être dit de la pyramide ABCD.

Les points α', β', γ', où se rencontrent respectivement les côtés correspondans $\overline{BC}$ et $\overline{mn}$, $\overline{BD}$ et $\overline{mp}$, $\overline{CD}$ et $\overline{np}$ des triangles BCD, *mnp*, sont évidemment tous trois dans l'intersection de ces deux plans, et par conséquent toujours en ligne droite, quelques angles que fassent entre elles les trois arêtes $\overline{AB}$, $\overline{AC}$, $\overline{AD}$; donc si l'on conçoit que AC se rapproche insensiblement du plan ABD jusqu'à se trouver tracée dans ce plan même, les trois points α', β', γ' ne cesseront pas, pour cela, d'être en ligne droite ; d'où suit qu'en général, si d'un point quelconque A, on mène dans un même plan trois droites quelconques $\overline{AB}$, $\overline{AC}$, $\overline{AD}$, et qu'on fasse deux triangles BCD, *mnp*, qui aient chacun ses trois angles sur ces trois droites partant du point A, ou sur leurs prolongemens soit d'un côté, soit de l'autre, les trois points de concours α', β', γ' des côtés correspondans de ces triangles, seront toujours en ligne droite.

Par la même raison, on voit que les trois arêtes $\overline{AB}$, $\overline{AC}$, $\overline{AD}$, étant supposées dans un même plan, et qu'ayant mené les diagonales $\overline{Bn}$, $\overline{Cm}$, $\overline{Cp}$, $\overline{Dn}$, $\overline{Bp}$, $\overline{Dm}$, les points de croisement de ces diagonales soient D′, B′, C′ ; les trois droites $\overline{DD'}$, $\overline{BB'}$, $\overline{CC'}$, devront se croiser toutes en un même point K.

Remarque.

24. La théorie des transversales droites que nous venons d'exposer, s'étend facilement aux transversales sphériques ; c'est-à-dire, que tout ce que nous avons dit des polygones plans, s'étend aux polygones formés d'arcs de grand cercle, tracés sur une sphère, en substituant les sinus de ces arcs aux côtés des polygones plans.

FIG. 17. Par exemple, si un triangle sphérique ABC est coupé par un arc de grand cercle transversal *abc* qui les rencontre tous trois, chacun des arcs AB, AC, BC, sera coupé en deux segmens, et le produit des sinus de trois de ces segmens sera égal au produit des sinus des trois autres, en les prenant de manière que ces segmens n'aient point d'extrémités communes ; c'est-à-dire, qu'on aura

$$\sin Ac \cdot \sin Ba \cdot \sin Cb = \sin AB \cdot \sin Bc \cdot \sin Ca \ldots \ldots (A)$$

En effet, par la proportionnalité des sinus des angles avec les sinus des côtés dans les triangles sphériques, les triangles A*cb*, B*ac*, C*ab*, donnent

$$\sin Ac : \sin Ab :: \sin b : \sin c,$$
$$\sin Ba : \sin Bc :: \sin c : \sin a,$$
$$\sin Cb : \sin Ca :: \sin a : \sin b.$$

Multipliant ces trois équations, et effaçant les termes qui se détruisent, on aura la formule (A) qu'il fallait démontrer.

FIG. 18. 25. Pareillement, si sur l'aire d'un triangle sphérique ABC, on prend un point D, et que par ce point on mène trois arcs de grand cercle A*a*, B*b*, C*c*, qui passent par les angles, ces arcs couperont les côtés du triangle en deux segmens chacun, et le produit de trois de ces côtés non adjacens sera égal au produit des trois autres ; c'est-à-dire, qu'on aura

$$\sin Ac \cdot \sin Ba \cdot \sin Cb = \sin Ab \cdot \sin Ca \cdot \sin Bc \ldots \ldots (B)$$

FIG. 19. 26. De même encore, si l'on a un quadrilatère sphérique ABCD, et qu'on trace ses trois diagonales AB, CD, FG, on trouvera

que chacune de ces diagonales est coupée par les deux autres en
segmens, dont les sinus seront proportionnels : c'est-à-dire, par
exemple, qu'en désignant par l et h les points d'intersection de
la diagonale AC par les deux autres BD, GF, on aura

$$\sin Al : \sin Ah :: \sin Cl : \sin Ch \ldots\ldots\ldots\ldots (C).$$

Je ne crois pas qu'après tout ce qui a été dit sur les transversales rectilignes, il soit nécessaire d'entrer dans le détail de la
démonstration de cette proposition, ni de pousser plus loin l'analogie entre la théorie de ces transversales rectilignes avec les transversales sphériques : c'est pourquoi j'abandonne ces conséquences
à la sagacité du lecteur.

CONCLUSION.

27. Tels sont les principes généraux de la théorie des transversales : je me bornerai ici à indiquer quelques-unes des applications
dont elle est susceptible.

Soient A, B, C, les centres de trois cercles tracés dans un même
plan. Concevons qu'on mène des droites qui touchent ces cercles
deux à deux extérieurement, et soient a, b, c, les points où ces
tangentes coupent les lignes des centres prolongées; c'est-à-dire,
que a soit le point où la ligne des centres $\overline{BC}$ est rencontrée par
la tangente extérieure aux cercles B, C; ainsi des autres. Je dis
que les trois points a, b, c, se trouveront nécessairement en ligne
droite, ainsi que Monge l'a trouvé par des considérations pure-
ment géométriques, relatives à la Géométrie aux trois dimensions.
Car si l'on nomme A, B, C, les rayons de cercles de mêmes dé-
nominations, il est clair que les distances, $\overline{Ba}$, $\overline{Ca}$, seront pro-
portionnelles aux rayons B, C; ainsi des autres. Donc nous aurons
ces trois proportions

$$A : B :: \overline{Ac} : \overline{Bc},$$
$$B : C :: \overline{Ba} : \overline{Ca},$$
$$C : A :: \overline{Cb} : \overline{Ab}.$$

Multipliant ces trois proportions, et réduisant, on a

$$\overline{Ab} \cdot \overline{Bc} \cdot \overline{Ca} = \overline{Ac} \cdot \overline{Ba} \cdot \overline{Cb};$$

ce qui, en vertu du théorème **I**, ne peut avoir lieu, sans que les trois points a, b, c, soient en ligne droite.

Considérons maintenant les tangentes intérieures. Soient a', b', c' les points où ces tangentes coupent respectivement les lignes des centres. Nous aurons, comme ci-dessus,

$$A : B :: \overline{Ac'} : \overline{Bc'},$$

$$B : C :: \overline{Ba'} : \overline{Ca'},$$

$$C : A :: \overline{Cb'} : \overline{Ab'}.$$

Multipliant ces trois proportions, et réduisant, on a

$$\overline{Ab'} \cdot \overline{Bc'} \cdot \overline{Ca'} = \overline{Ac'} \cdot \overline{Ba'} \cdot \overline{Cb'};$$

ce qui, en vertu du théorème **V**, prouve que si l'on mène les trois transversales Aa', Bb', Cc', elles se croiseront toutes en un même point **D**.

Puisque d'une part, nous avons.......... A : B :: $\overline{Ac}$: $\overline{Bc}$,

et de l'autre...................... A : B :: $\overline{Ac'}$: $\overline{Bc'}$,

nous aurons.......................... $\overline{Ac}$: $\overline{Bc}$ :: $\overline{Ac'}$: $\overline{Bc'}$.

Donc la droite AB est divisée en segmens proportionnels par les points c, c'; ce qui, en vertu du théorème **VI**, prouve que les points a', b', c, sont en ligne droite; et il en est ainsi, par la même raison, des trois points c', a' b, et c', b', a.

On peut appliquer la même théorie au cas où les trois cercles proposés se trouveraient sur la surface d'une même sphère : il suffit, pour cela, d'entendre alors des arcs de grand cercle, ce que nous venons de dire des lignes droites.

FIG. 21. 28. Soient A, B, C, D, les centres de quatre sphères. Concevons que ces sphères soient enveloppées extérieurement deux à deux par des surfaces coniques tangentes; il en résultera six cônes différens. Or je dis que les sommets m, n, p, q, r, s, de ces six cônes, se trouveront tous dans un même plan. Car soient A, B, C, D, les rayons des quatre sphères de mêmes dénominations ; nous aurons évidemment ces six proportions

$$A : B :: \overline{Am} : \overline{Bm},$$
$$B : C :: \overline{Bn} : \overline{Cn},$$
$$C : D :: \overline{Cp} : \overline{Dp},$$
$$D : A :: \overline{Dq} : \overline{Aq}.$$

Multipliant ces quatre portions, et réduisant, on aura

$$\overline{Am} . \overline{Bn} . \overline{Cp} . \overline{Dq} = \overline{Aq} . \overline{Bm} . \overline{Cn} . \overline{Dp};$$

ce qui, en vertu du théorème III, prouve que les quatre points m, n, p, q, qui terminent les segmens des côtés du quadrilatère gauche ABCD, sont dans un même plan; et la même démonstration s'applique à tous les points m, n, p, q, r, s, pris quatre à quatre. Donc tous ces points sont dans un même plan; et de plus, il sont trois à trois dans la même droite, puisqu'il est évident, par exemple, que les trois points m, n, r, sont nécessairement placés sur l'intersection du plan général dont nous venons de parler, et du plan du triangle ABC.

Considérons maintenant les points m', n', p', q', r', s', où sont placés les sommets des cônes qui envelopperaient intérieurement les sphères deux à deux.

Les quatre points A, B, C, D, pourront être considérés comme les quatre sommets d'une pyramide triangulaire; et en considérant chacune de ses bases, on aura pour le triangle ABC, par exemple,

$$\overline{Am'} . \overline{Bn'} . \overline{Cr'} = \overline{Ar'} . \overline{Bm'} . \overline{Cp'};$$

Ce qui, par le théorème VI, prouve que si l'on imagine les trois transversales $\overline{An'}$, $\overline{Br'}$, $\overline{Cm'}$, ces trois transversales se croiseront en un même point. Il en sera de même des trois autres faces de la pyramide. Donc par le théorème XII, si l'on joint chacun des sommets au point de concours des trois transversales de la base

12

opposée, les quatre nouvelles transversales se croiseront en un même point de l'espace.

Les droites $\overline{AB}$, $\overline{BC}$, $\overline{CA}$, se trouvent coupées chacune en segmens proportionnels, par les points m, m'; n, n'; r, r'; d'où il suit, qu'en vertu du théorème XI, les trois points m, n, r, sont dans un même plan avec les trois points p', q', s'; ainsi des autres.

FIG. 22. 29. Soit ABC un triangle quelconque inscrit dans un cercle : par chacun des sommets je mène une tangente que je prolonge jusqu'à la rencontre des côtés opposés en a, b, c; je dis que les trois points a, b, c, sont nécessairement en ligne droite.

En effet, le triangle ABa donne $\overline{AB} : \overline{Ba} :: \sin AaB : \sin BAa$, et le triangle ACa donne........ $\overline{Ca} : \overline{AC} :: \sin CAa : \sin AaC$.

Multipliant ces deux proportions, et observant que AaB est la même chose que AaC; que de plus, $\sin BAa = \sin C$ et $\sin CAa$ $= \sin B$, on aura................. $\overline{AB}.\overline{Ca}:\overline{AC}.\overline{Ba}::\sin B:\sin C$.

Pareillement, nous devons avoir.. $\overline{CA}.\overline{Bc}:\overline{CB}.\overline{Ac}::\sin A:\sin B$,

et........................ $\overline{BC}.\overline{Ab}:\overline{BA}.\overline{Cb}::\sin C:\sin A$.

Multipliant ces trois proportions, et effaçant les termes qui se détruisent, il viendra entre les six segmens des côtés du triangle ABC, l'équation suivante :

$$\overline{Ab}.\overline{Bc}.\overline{Ca} = \overline{Ac}.\overline{Ba}.\overline{Cb};$$

ce qui, en vertu du théorème I, ne peut avoir lieu, sans que les trois points a, b, c ne soient en ligne droite.

FIG. 23. 30. Soit le quadrilatère inscrit ABCD; je prolonge les côtés opposés $\overline{AB}$, $\overline{CD}$, jusqu'à leur rencontre en m, les autres côtés opposés $\overline{AD}$, $\overline{BC}$, jusqu'à leur rencontre en n, et je mène par les extrémités de l'une des diagonales, comme $\overline{AC}$, les tangentes $\overline{Ap}$, $\overline{Cp}$; je dis que les trois points m, n, p, sont en ligne droite.

En effet, considérons, par exemple, le triangle CDr, dont un côté $\overline{CD}$ passe par m, un autre $\overline{Dr}$ par n, et le troisième Cr par p.

Le triangle A*m*D donne....... $\overline{AD} : \overline{Dm} :: \sin AmD : \sin DAm$,

et le triangle B*m*C. .... $\overline{Cm} : \overline{BC} :: \sin CBm : \sin BmC$.

Le triangle AC*p* donne....... $\overline{AC} : \overline{Cp} :: \sin ApC : \sin CAp$,

et le triangle A*rp*........... $\overline{rp} : \overline{Ar} :: \sin rAp : \sin Apr$.

Le triangle CD*n* donne .... $\overline{Dn} : \overline{CD} :: \sin DCn : \sin DnC$,

et le triangle C*rn*........... $\overline{Cr} : \overline{rn} :: \sin Cnr : \sin nCr$.

Multipliant toutes ces proportions , et observant pour réduire, que $\sin AmD = \sin BmC$, $\sin ApC = \sin Apr$, $\sin Cnr = \sin DnC$, $\sin DAm = \sin DCn$, $\sin CBm = \sin CAp$.

Que de plus, $\overline{AD} : \overline{BC} :: \sin rAp : \sin nCr$. On aura

$$\overline{AC} . \overline{Cr} . \overline{Cm} . \overline{rp} . \overline{Dn} = \overline{CD} . \overline{Ar} . \overline{Dm} . \overline{Cp} . \overline{rn}.....\text{(A)}$$

Mais $\qquad \overline{AC} : \overline{CD} :: \sin ADC : \sin CAD$,

$\qquad\qquad \overline{Cr} : \overline{Ar} :: \sin CAD : \sin ACr$.

Donc, puisque $\sin ACr = \sin ADC$, l'un de ces angles étant supplément de l'autre, on a

$$\overline{AC} . \overline{Cr} = \overline{CD} . \overline{Ar}.$$

Divisant l'équation (A) par celle-ci, il restera

$$\overline{Cm} . \overline{rp} . \overline{Dn} = \overline{Dm} . \overline{Cp} . \overline{rn}.............\text{(B)}$$

équation entre les segmens du triangle CD*r*, laquelle, en vertu du théorème I , ne peut avoir lieu, sans que les trois points *m, n, p,* ne soient en ligne droite ; *ce qu'il fallait prouver.*

Puisque le point de concours des tangentes qui passent par les extrémités A, C de la diagonale $\overline{AC}$, se trouve sur la droite $\overline{mn}$; le point de concours des tangentes qui passent par les extrémités B, D, de l'autre diagonale $\overline{BD}$, doit, par la même raison, se trouver aussi sur cette droite $\overline{mn}$. Donc les quatre points *m, n, p , q,* sont tous placés sur une même ligne droite.

De plus, je dis que la droite $\overline{mn}$, comprise entre les points de concours des côtés opposés du quadrilatère inscrit, est coupée en segmens proportionnels par les points de concours p, q, des côtés opposés du quadrilatère circonscrit ; et réciproquement, $\overline{pq}$ est coupée en segmens proportionnels par les points m, n ; car le quadrilatère circonscrit $fghl$ a pour ses trois diagonales $\overline{fh}$, $\overline{gl}$, $\overline{pq}$. Donc (12) chacune d'elles est coupée par les deux autres en segmens proportionnels ; mais par la même raison que m, n, p, q sont en ligne droite, f, k, h, n sont aussi en ligne droite, ainsi que les quatre points l, k, g, m ; donc les diagonales $\overline{fh}$, $\overline{lg}$, passent respectivement par les points n, m ; donc $\overline{pq}$ est réellement coupée en segmens proportionnels par ces points m, n, et réciproquement (16) $\overline{mn}$ est coupée en segmens proportionnels par les points p, q.

Par les mêmes raisons, les autres diagonales $\overline{fh}$, $\overline{gl}$ sont coupées chacune en segmens proportionnels ; la première, par les points k, n, la seconde par les points k, m.

Nous pourrions conclure encore, 1° que les diagonales du quadrilatère inscrit et celles du quadrilatère circonscrit se croisent toutes quatre au même point k ; 2°. que si de ce point k on abaisse une perpendiculaire sur $\overline{mn}$, cette droite passera par le centre du cercle, de même que celles qu'on mènerait du point m perpendiculairement à $\overline{fh}$, et du point n perpendiculairement à $\overline{gl}$; 3°. que le rayon du cercle est moyenne proportionnelle entre sa distance au point k et sa distance à $\overline{mn}$, etc. ; mais ces détails curieux nous mèneraient trop loin. J'observerai seulement que si du point n, par exemple, on mène deux droites $\overline{ns}$, $\overline{ns'}$ aux points où la circonférence est coupée par $\overline{ml}$, ces deux droites seront nécessairement tangentes à cette circonférence, puisque ce point n est placé sur la droite $\overline{pq}$ des extrémités de laquelle partent les droites $\overline{pA}$, $\overline{pC}$; $\overline{qB}$, $\overline{qD}$, et que les cordes $\overline{AC}$, $\overline{BD}$, $\overline{ss'}$, se croisent toutes au même point k.

FIG. 24. 31. Soit l'hexagone ABCDEF inscrit au cercle, je prolonge les côtés opposés $\overline{AB}$, $\overline{ED}$, jusqu'à ce qu'ils se rencontrent au point m; les côtés opposés $\overline{BC}$, $\overline{EF}$, jusqu'à ce qu'ils se rencontrent au point n; et les côtés opposés $\overline{CD}$, $\overline{AF}$, jusqu'à ce qu'ils se rencontrent au point p; je dis que les trois points m, n, p sont en ligne droite.

En effet, je considère, par exemple, le triangle DEr, dont un des côtés $\overline{DE}$ passe par le point m, un autre $\overline{Ar}$ passe par le point n, et le troisième $\overline{Dr}$ par le point p. Je mène de plus les diagonales $\overline{FB}$, $\overline{FC}$, $\overline{FD}$, $\overline{FE}$, etc. Cela posé,

le triangle BmE donne . . . . $\overline{BE} : \overline{mE} :: \sin BmE : \sin mBE$,

et le triangle AmD . . . . $\overline{mD} : \overline{AD} :: \sin mAD : \sin AmD$.

Le triangle BnE donne . . . . . . $\overline{nE} : \overline{BE} :: \sin nBE : \sin BnE$,

et le triangle Cnr . . . . $\overline{Cr} : \overline{nr} :: \sin Cnr : \sin nCr$.

Le triangle ADp donne . . . . . $\overline{AD} : \overline{Dp} :: \sin ApD : \sin pAD$,

et le triangle Fpr . . . . $\overline{rp} : \overline{rF} :: \sin rFp : \sin rpF$.

Multipliant ensemble toutes ces proportions, en observant que

$\sin BmE = \sin AmD$, $\sin BnE = \sin Cnr$, $\sin ApD = \sin rpF$;

que de plus, $\overline{Cr} : \overline{rF} :: \sin CFr : \sin FCr$; qu'enfin, en prenant 1 pour le diamètre du cercle, nous avons

$\sin mBE = \overline{AE}$, $\sin mAD = \overline{BD}$, $\sin nBE = \overline{CE}$, $\sin nCr = \overline{BD}$, $\sin pAD = \overline{DF}$, $\sin rFp = \overline{AE}$, $\sin CFr = \overline{CE}$, $\sin FCr = \overline{DF}$.

Nous aurons

$$\overline{mD} . \overline{nE} . \overline{rp} = \overline{mE} . \overline{nr} . \overline{Dp};$$

équation entre les segmens des côtés du triangle DEr, laquelle ne peut avoir lieu en vertu du théorème I, sans que les trois points m, n, p ne soient en ligne droite.

Soit encore $ABCDEF$ un hexagone inscrit au cercle; et par FIG. 25. chacun des angles A, B, C, D, E, F, menons une tangente pour former l'hexagone circonscrit $abcdef$; je dis que les trois diagonales

$\overline{ad}$, $\overline{be}$, $\overline{ef}$ de cet hexagone circonscrit, se croiseront toutes en un même point K.

En effet, je prolonge les côtés opposés $\overline{BC}$, $\overline{FE}$ de l'hexagone inscrit jusqu'à leur rencontre au point n; de ce point n, je mène des droites $\overline{ns}$, $\overline{ns'}$, aux points d'intersection de la diagonale $\overline{fc}$. Ces droites seront tangentes à la circonférence; car en prolongeant $\overline{cd}$, $\overline{fe}$ jusqu'à leur rencontre en h, et $\overline{cb}$, $\overline{fa}$ jusqu'à leur rencontre en g, on a le quadrilatère circonscrit $cgfh$; donc (3o) $\overline{ns}$, $\overline{ns'}$, sont tangentes à la circonférence. On prouvera de même qu'en prolongeant $\overline{AF}$, $\overline{CD}$ jusqu'à leur rencontre en p, les droites menées de ce point p, aux points d'intersection t, t' de la diagonale $\overline{be}$ avec la circonférence, doivent être tangentes à cette circonférence; et pareillement enfin, en prolongeant $\overline{AB}$, $\overline{DE}$ jusqu'à leur rencontre au point m, les droites menées de ce point m aux points u, u' d'intersection de la diagonale $\overline{ad}$ avec la circonférence, doivent aussi être tangentes à la même circonférence.

FIG. 24 et 25.

Mais les trois points m, n, p sont en ligne droite (3i); donc les trois droites $\overline{ss'}$, $\overline{tt'}$, $\overline{uu'}$ se croisent toutes en un même point. Donc, puisqu'elles se confondent respectivement pour leurs directions avec les diagonales $\overline{fc}$, $\overline{be}$, $\overline{ad}$ de l'hexagone circonscrit, ces diagonales se croisent toutes en un même point; *ce qu'il fallait démontrer.*

Cette proposition qui s'étend, ainsi que les précédentes, à toutes les sections coniques, est due à Brianchon, qui en a tiré de très-belles conséquences. (*Voyez son Mémoire dans le* 13e *cahier du Journal de l'École Polytechnique, tome VI.*)

Il est aisé de voir, d'après ce qui a été dit précédemment sur l'application de la théorie des transversales aux polygones sphériques, que tout ce qui vient d'être démontré dans cette conclusion, s'étend aux figures tracées sur la surface d'une sphère quelconque, en substituant les grands arcs de cercle aux transversales rectilignes.

Les mêmes propriétés ont lieu également pour toutes les sections coniques, ainsi qu'on l'a observé ci-dessus; et il suffit, pour s'en

convaincre, de remarquer que ces courbes peuvent toutes être considérées comme l'ombre du cercle déterminée par un point lumineux,
et portée sur des plans différemment inclinés. Or une droite qui
est tangente à une courbe, doit également lui rester tangente sur
l'ombre de la figure ; et par l'article 14, il est évident que les
droites coupées en segmens proportionnels sur la figure, doivent
l'être également sur son ombre. On sent donc quel développement
il est possible de donner à la théorie des transversales; mais nous
avons voulu nous borner ici à en exposer les principes.

DIGRESSION

SUR LA NATURE DES QUANTITÉS

DITES NÉGATIVES.

Je crois avoir donné dans ma Géométrie de position, la véritable théorie des expressions algébriques, appelées communément quantités négatives. Comme il était question alors de combattre une opinion ancienne sur la nature de ces quantités, j'ai dû entrer dans beaucoup de détails; mais plusieurs savans du premier ordre ont pensé que cet objet étant rempli, il serait maintenant utile d'écarter de la discussion tout ce qui ne serait pas entièrement élémentaire, en me bornant à l'exposé le plus simple et le plus court possible de ma théorie; c'est ce qui m'a déterminé à composer cette Digression abrégée : je l'ai jointe ici par forme de supplément, n'ayant pas en ce moment occasion de la publier avec des sujets auxquels elle soit plus analogue.

1. La nature des quantités dites négatives a toujours été le sujet d'une des principales difficultés métaphysiques de l'analyse.

Les opérations de l'Algèbre conduisent à chaque instant à des expressions de formes négatives. Que signifient ces expressions ? Voilà ce qu'il faut savoir.

Il est clair d'abord que les quantités absolues sont les seules dont on puisse se former une idée nette ; les signes $+$ et $-$ dont elles sont précédées, indiquent seulement les opérations qu'on doit faire sur elles. Ainsi les expressions $+ a$, $- b$, sont des formes algébriques complexes, qui n'expriment ni simplement une quantité, ni simplement une opération, mais la réunion de l'une et de l'autre. On ne peut donc, sans altérer l'évidence qui doit faire la base des vérités mathématiques, confondre ces expressions avec celles qui doivent représenter de simples quantités. Cependant $+a$ pouvant être regardé comme étant la même chose $o + a$ ou a, on peut ne faire aucune distinction entre les quantités dites positives et les quantités absolues, et la difficulté ne regarde réellement que les quantités dites négatives.

2. Il y a des personnes qui regardent les quantités négatives isolées comme moindres que o; mais cette opinion ne paraît nullement soutenable; car pour obtenir une pareille quantité, il faudrait pouvoir ôter quelque chose de rien, ce qui est absurde.

De plus, comment admettre que le produit de deux facteurs donnés puisse être moindre que celui de deux autres facteurs donnés, plus petits que les premiers, chacun à chacun? C'est cependant ce qui arriverait en multipliant, par exemple, -4 par -5, s'il était vrai que -4 et -5 fussent chacune moindre que o; puisque leur produit 20 serait plus grand que celui de ces deux autres facteurs 2, 3, chacun plus grand que o, et dont le produit n'est que 6.

Enfin, puisqu'on est en droit de négliger dans un calcul les quantités nulles, à plus forte raison devrait-on pouvoir négliger celles qui sont moindres que rien : or tout le monde sait qu'on commettrait des erreurs capitales, si on négligeait les quantités négatives.

3. D'autres personnes disent que les quantités négatives isolées ne diffèrent des quantités positives, qu'en ce qu'elles sont prises dans un sens contraire.

Mais d'abord, ces personnes n'expliquent point ce qu'elles entendent en général par quantités prises en sens contraire les unes des autres. Elles disent bien, par exemple, qu'une créance et une dette sont deux quantités prises en sens contraire l'une de l'autre, et qu'ainsi une dette peut être dite une créance négative. Elles disent qu'une ordonnée prise à droite de l'axe des abscisses et une ordonnée prise à gauche, sont deux quantités prises en sens contraire l'une de l'autre, et qu'ainsi une ordonnée à gauche peut être considérée comme une ordonnée à droite prise négativement. Mais indépendamment de l'obscurité attachée à de pareilles expressions, ce ne sont là que des exemples particuliers,

13

qui n'expliquent point ce qu'on doit entendre généralement par deux quantités prises en sens contraire l'une de l'autre.

De plus, les règles que l'on établit sur cette notion vague se trouvent sans cesse en défaut, même dans les cas particuliers dont nous venons de parler. Je me bornerai ici à un seul exemple, celui de la sécante d'un arc plus grand que la demi-circonférence, et moindre que les trois quarts. Cette sécante, d'après les règles dont nous venons de parler, devrait être positive, puisqu'elle se confond, tant pour sa grandeur que pour sa direction, avec la sécante d'un arc moindre que le quart de circonférence, que tout le monde reconnaît pour positive. Or il est constant, dans la théorie même de ceux qui soutiennent l'opinion dont il s'agit, que cette sécante d'un arc plus grand que la demi-circonférence, et moindre que les trois quarts, doit être négative. C'est donc une contradiction manifeste, et cette opinion est aussi inadmissible que la première.

D'ailleurs, si les quantités dites négatives étaient de véritables quantités, pourquoi, lorsqu'on multiplie les unes par les autres, les négatives auraient-elles le privilége de donner leur signe au produit ? Pourquoi ne pourrait-on tirer la racine carrée des unes aussi bien que des autres ? La racine carrée d'une créance serait une quantité réelle, et la racine carrée d'une dette serait une quantité absurde : la racine carrée d'une ordonnée prise à droite de l'axe serait réelle, et celle de l'ordonnée à gauche serait imaginaire; et qui plus est, comme on est maître de fixer le côté des ordonnées positives, on pourrait rendre à volonté possible et impossible une même chose; on pourrait, par la magie des signes, donner l'existence à ce qui ne peut pas être, et rendre impossible ce qui existe : certes, les géomètres ne se sont jamais douté qu'ils eussent en main un pareil pouvoir.

4. D'autres personnes enfin, sans discuter la nature des quantités négatives isolées, se sont attachées à justifier l'emploi qu'on en fait, en montrant que les résultats qu'on obtient par elles, sont toujours conformes à ceux qu'on obtient par la seule synthèse, ou par d'autres procédés de calcul qui dispensent de faire usage de ces quantités négatives. On doit regarder leur travail comme d'autant plus

précieux, qu'il n'est pas d'autre manière de constater l'infaillibilité
des résultats fournis par l'analyse. Mais ce que je me propose ici est
différent; mon but n'étant pas de rechercher comment on pourrait
se passer de l'emploi des quantités dites négatives, mais de savoir
en quoi consiste la nature de ces mêmes quantités, lorsqu'on en
fait usage. Tel est l'objet des remarques suivantes.

5. L'expression de *quantité négative* se prend en Algèbre dans
deux acceptions très-différentes.

Suivant la première acception, *quantité négative* signifie simplement toute quantité qui est affectée du signe —.

Suivant la seconde, *quantité négative* signifie toute quantité
qui se trouve affectée du signe contraire à celui qu'elle devrait
avoir.

Par exemple, dans la formule connue

$$\cos(a+b) = \cos a \cos b - \sin a \sin b \ldots \ldots (A)$$

le dernier terme est négatif suivant la première acception. Tant
que a, b et $a+b$ sont moindres chacun que le quart de circonférence, ce même terme reste au contraire positif, suivant la
seconde acception, parceque le signe — dont il est affecté, est
le vrai signe qu'il doit avoir en effet, pour que l'équation soit
exacte. Mais si l'angle $a+b$, par exemple, devient plus grand
que le quart de circonférence, la formule sera pour lors fautive;
car en cherchant directement par synthèse, la formule qui convient à ce nouveau cas, on trouve

$$\cos(a+b) = \sin a \sin b - \cos a \cos b \ldots \ldots (B)$$

Donc si l'on veut regarder la première formule comme applicable
encore à ce cas-ci, il faudra y considérer le premier terme
$\cos(a+b)$, comme portant un signe contraire à celui qu'il
devrait avoir; puisqu'en effet en changeant le signe de ce terme,
on a, $-\cos(a+b) = \cos a \cos b - \sin a \sin b$, |formule qui en
transposant les termes, revient à la formule (B) qui est la véritable pour le cas présent. Ainsi, en considérant cette première
formule (A) comme applicable au cas où $a+b$ est plus grand
que le quart de circonférence, $\cos(a+b)$ y est affecté du signe

contraire à celui qu'il devrait avoir , et se trouve parconséquent une *quantité négative* suivant la seconde acception , quoiqu'elle soit positive suivant la première.

On voit par là que ces deux classes de quantités diffèrent essentiellement l'une de l'autre; puisqu'une même quantité peut se trouver positive suivant la première acception , et négative selon l'autre; ou négative selon la première, et positive selon la seconde : qu'une simple transposition rend positive celle qui était négative suivant la première acception , tandis que suivant la seconde , elle restera toujours négative malgré la transposition, parcequ'elle ne cessera pas pour cela d'être affectée du signe contraire à celui qu'elle devrait avoir. Il n'est donc pas étonnant qu'une même expression appliquée indistinctement à deux choses si différentes, répande l'obscurité sur le sujet dont il s'agit.

6. Pour éviter cet inconvénient, réservons l'expression de *quantités négatives* à celles qui sont en effet réellement affectées du signe —; et celles qui se trouvent affectées d'un signe contraire à celui qu'elles devraient avoir, nommons-les *quantités inverses* par opposition à celles dont le signe est tel qu'il doit être , et que nous nommerons *quantités directes*.

On dit , par exemple , qu'une dette est une créance négative : cela signifie que si dans un calcul , on prend une dette pour une créance, ou une créance pour une dette, la quantité algébrique qu'on aura prise pour représenter la somme à payer ou à recevoir, se trouvera affectée du signe contraire à celui qu'elle devrait avoir; et qu'elle aurait eu réellement si l'on ne s'était pas trompé.

En effet, soit x cette quantité à payer ou à recevoir par une certaine personne, A la fortune de cette personne, B ce qu'elle posséderait, abstraction faite de sa dette ou de sa créance x.

Si cette somme x est une créance, il est clair qu'on aura

$$A = B + x, \text{ ou } x = A - B;$$

si au contraire x est une dette, on aura

$$A = B - x, \text{ ou } x = B - A;$$

donc si l'on a supposé par erreur que x était une créance, tandis que c'était une dette, ou une dette tandis que c'était une créance, on aura mis dans le calcul A — B au lieu de B — A, ou A — B au lieu de — (A — B), ou x au lieu de — x; c'est-à-dire, que dans tout le cours du calcul, x se trouvera affectée du signe contraire à celui qu'elle devrait avoir, et qu'elle aurait réellement si elle représentait ce qu'elle doit représenter en effet.

7. De même, si dans un calcul d'application d'Algèbre à la Géométrie, on suppose par erreur que telle ordonnée est placée à la droite de l'axe des abscisses, tandis qu'elle est réellement placée à la gauche, le signe dont se trouvera affectée la lettre alphabétique prise pour représenter cette ordonnée, sera contraire à celui qu'elle devrait avoir, et qu'elle aurait réellement si l'on ne s'était pas trompé sur la position de cette ordonnée; ainsi cette lettre alphabétique exprimera une quantité inverse.

En effet, soit $\overline{BB'}$ l'axe des abscisses, $\overline{pM}$ l'ordonnée qui est à gauche, tandis qu'on l'avait jugée à droite en $\overline{pm'}$. Menons au-delà du point M un nouvel axe $\overline{FF'}$ parallèle au premier qui soit rencontré en p' par l'ordonnée, et nommons a la distance arbitraire de ces deux axes, y l'ordonnée dont il s'agit, et z la distance de son extrémité, M ou M' un nouvel axe.

Si l'ordonnée est réellement $\overline{M'p}$, on aura

$$\overline{M'p} = \overline{M'p'} - \overline{pp'}, \text{ ou } y = z - a.$$

Si au contraire l'ordonnée est $\overline{Mp}$, on aura

$$\overline{Mp} = \overline{p'p} - \overline{p'M}, \text{ ou } y = a - z.$$

Donc si l'on a supposé, par erreur ou autrement, que l'ordonnée était à droite, c'est-à-dire $\overline{M'p}$, tandis qu'elle était réellement à gauche, c'est-à-dire $\overline{Mp}$, on aura mis dans le calcul $\overline{M'p}$ au lieu de $\overline{Mp}$, ou $z - a$ au lieu de $a - z$, ou $z - a$ au lieu de $-(z - a)$, c'est-à-dire qu'on aura donné à y un signe contraire à celui qu'elle devait avoir; donc cette quantité y sera de celles que j'ai nommées *quantités inverses*.

8. On peut voir par là que le principe fondamental de toute la théorie des quantités inverses, est celui-ci : *Toute quantité inverse peut être considérée comme la différence de deux quantités directes dont la plus grande a été prise pour la plus petite, et réciproquement.*

En effet, dans le premier exemple ci-dessus, x est inverse et porte le signe contraire à celui qu'elle devrait avoir, puisqu'on l'a supposé A — B, tandis qu'il est réellement B — A ; c'est-à-dire, que des deux quantités, A, B, dont x est la différence, A a été supposée la plus grande, tandis qu'elle se trouve en effet la plus petite.

De même, dans le second exemple, y est inverse, et porte le signe contraire à celui qu'il devrait avoir, parcequ'on l'a supposé $z - a$, tandis qu'il est réellement $a - z$; c'est-à-dire, que des deux quantités a, z, dont y est la différence, la plus grande a été prise pour la moindre.

En général, soit p une quantité inverse quelconque, et faisons $p = m - n$. Puisque p est inverse par hypothèse, il est affecté du signe contraire à celui qu'il devrait avoir ; c'est-à-dire, qu'on a mis dans le calcul p au lieu de $- p$, ou $m - n$ au lieu de $n - m$: on a donc supposé $m > n$, tandis que réellement on a $n < m$; c'est-à-dire que des deux quantités m, n, dont p est la différence, la plus grande n a été prise pour la plus petite, et la petite m a été prise pour la plus grande.

9. C'est dans ce sens qu'on doit entendre ce principe connu et important ; savoir, que toute quantité variable qui, de positive qu'elle était, devient négative et réciproquement, passe nécessairement par o ou par ∞. Cela signifie que toute quantité variable qui de directe devient inverse, ou qui d'inverse redevient directe, passe nécessairement par o ou par ∞. En effet, pour que des deux quantités m, n, la plus grande devienne la plus petite, il faut qu'elles passent l'une et l'autre par l'état d'égalité, et que par conséquent leur différence $m - n$ ou $n - m$ devienne o. Donc, puisque p est cette différence, il faut aussi qu'elle passe par o pour devenir inverse ou $- p$. Mais si p devient $- p$, $\frac{1}{p}$ deviendra aussi $\frac{1}{-p}$; donc $\frac{1}{p}$ deviendra aussi inverse ; donc en devenant inverse, elle passera

par ∞. Appliquons toute cette théorie à quelques nouveaux exemples.

10. Le cosinus d'un angle obtus est une *quantité inverse*, ou négative suivant la seconde acception dont nous avons parlé; parce que le système primitif, celui auquel on le rapporte, et sur lequel les raisonnemens ont été établis, est celui dans lequel tous les angles considérés, sont moindres que le quart de circonférence, ce qui, suppose le cosinus même égal au rayon moins le sinus verse, et par conséquent le rayon plus grand que le sinus verse; mais lorsque l'angle est obtus, c'est au contraire le sinus verse qui est plus grand que le rayon. Donc alors le cosinus est la différence de deux autres quantités dont la plus grande a été supposée la plus petite. Donc le cosinus de l'angle obtus est ce que j'ai appelé une quantité inverse.

Voilà pourquoi, en prenant la formule primitive $\cos = 1 - \sin\,\text{ver}$, il faut y changer le signe dont cos est affecté, pour que cette formule lui devienne applicable: c'est-à-dire, écrire $-\cos = 1 - \sin\,\text{ver}$, ou $\cos = \sin\,\text{ver} - 1$, qui est la vraie formule convenable au cas dont il s'agit. De même, ainsi qu'on l'a vu plus haut, a et b étant deux angles dont la somme $a + b$ est moindre que le quart de circonférence; on a $\cos(a + b) = \cos a \cos b - \sin a \sin b$. Mais si $a + b$ surpasse le quart de circonférence, $\cos(a + b)$ deviendra inverse, puisqu'elle est la différence de deux quantités, 1 et $\sin\,\text{ver}\,(a + b)$, dont la première a été prise pour la plus grande dans la formule primitive, tandis qu'elle est la plus petite dans le cas présent. $\cos(a + b)$ se trouve donc affectée du signe contraire à celui qu'elle devrait avoir; c'est-à-dire, que la véritable formule, pour le cas présent, est

$$-\cos(a + b) = \cos a \cos b - \sin a \sin b,$$

ou

$$\cos(a + b) = \sin a \sin b - \cos a \cos b.$$

Et l'on doit remarquer que, conformément à ce qui a été dit ci-dessus, au moment où $\cos(a + b)$ change ainsi de signe ou devient inverse, elle passe évidemment par o.

De même, on a par les formules primitives, $\tan a = \dfrac{\sin a}{\cos a}$,

ou $\tan a = \dfrac{\sin a}{1 - \sin\,\text{ver}\,a} = \dfrac{\sin a (1 - \sin\,\text{ver}\,a)}{(1 - \sin\,\text{ver}\,a)^2} = \dfrac{\sin a - \sin a . \sin\,\text{ver}\,a}{1 - 2\sin\,\text{ver}\,a + \sin\,\text{ver}^2 a}$,

ou $\tan a = \dfrac{\sin a}{1 - 2\sin\,\text{ver}\,a + \sin\,\text{ver}^2 a} - \dfrac{\sin a . \sin\,\text{ver}\,a}{1 - 2\sin\,\text{ver}\,a + \sin\,\text{ver}^2 a}$.

Cela posé, tant que a sera moindre que le quart de circonférence, 1 sera plus grand que sin ver a, et par conséquent, le premier terme du second membre sera plus grand que l'autre : donc
tang a restera constamment directe. Mais si a devient obtus, alors
on aura sin vers $a > 1$. Donc tang a se trouvera la différence de
deux quantités, dont la plus grande a été supposée la plus petite;
donc tang a deviendra inverse, ou négative suivant la seconde
acception dont nous avons parlé; c'est-à-dire, que la véritable
formule pour ce cas, est tang $a = \frac{\sin a \, (\sin \text{ver } a - 1)}{(\sin \text{ver } a - 1)^2}$. Cela n'empêche pas que l'on ait toujours tang $a = \frac{\sin a}{\cos a}$, parce que dans
cette équation, tang a et cos a deviennent l'une et l'autre inverses
à-la-fois, de manière que pour y appliquer la formule, il faut
changer le signe de l'une et de l'autre, ce qui donne

$$- \text{tang } a = \frac{\sin a}{- \cos a}, \text{ ou tang } a = \frac{\sin a}{\cos a};$$

et l'on doit remarquer, qu'au moment où tang a change de signe,
elle passe par ∞, puisqu'elle est toujours $\frac{\sin a}{\cos a}$, et que cos a passe
par 0, comme on l'a vu ci-dessus.

Pareillement encore, on a dans le système primitif,

$$\text{séc } a = \frac{1}{\cos a} = \frac{1}{1 - \sin \text{ver } a} = \frac{1 - \sin \text{ver } a}{(1 - \sin \text{ver } a)^2} = \frac{1}{(1 - \sin \text{ver } a)^2} - \frac{\sin \text{ver } a}{(1 - \sin \text{ver } a)^2}.$$

Or tant que a sera moindre que le quart de circonférence, le
premier terme du second membre sera plus grand que l'autre, et
la formule aura lieu sans modification : mais si a devient plus
grand d'une demi-circonférence, sin ver a sera plus grand que 1;
donc séc a se trouvera être la différence de deux quantités dont
la plus petite aura été prise pour la plus grande; donc elle sera
inverse, donc elle portera un signe contraire à celui qu'elle devrait
avoir. Donc la vraie formule, dans ce cas, sera

$$\text{séc } a = \frac{\sin \text{ver } a}{(\sin \text{ver } a - 1)^2} - \frac{1}{(\sin \text{ver } a - 1)^2};$$

ce qui n'empêche pas qu'on ait toujours séc $a = \frac{1}{\cos a}$, parcequ'alors séc a et cos a deviennent l'une et l'autre inverses en même temps.

Il est à remarquer, comme on l'a déjà dit, que cet exemple, si facile à expliquer dans notre théorie, détruit entièrement l'opinion de ceux qui disent que les quantités négatives ne sont autre chose que des quantités ordinaires, prises en sens opposé à celles qu'on nomme positives.

11. Mais on peut demander à quoi bon introduire dans le calcul, des quantités affectées d'un faux signe, et s'il ne serait pas plus simple de donner tout de suite à chacune d'elles le signe qui lui convient.

Je réponds d'abord, qu'on y est souvent obligé ; car si l'on cherche, par exemple, l'ordonnée d'une courbe, sans savoir la région dans laquelle elle se trouve ; il faut bien commencer par supposer qu'elle se trouve dans telle ou telle région ; et si l'on se trompe dans cette hypothèse, on trouve bien la valeur absolue de l'ordonnée en question, mais (7) affectée du signe contraire à celui qu'elle devrait avoir. Il y a par conséquent erreur dans le résultat ; mais cette erreur est facile à corriger, sans qu'il soit nécessaire de recommencer le calcul, puisqu'il n'y a qu'à prendre cette ordonnée dans la région opposée à celle où l'on avait jugé qu'elle devait se trouver.

De même, si l'on cherche le cosinus d'un angle qu'on croit être aigu, et que cependant on trouve pour ce cosinus une valeur négative, c'est une preuve qu'on s'est trompé sur le côté du centre où on l'a supposé placé (10), et que l'angle est obtus ; mais comme on n'en a pas moins trouvé la valeur absolue de son cosinus, on en conclut que l'angle cherché est le supplément de celui qu'on avait cru devoir remplir les conditions du problème.

12. Il arrive souvent ainsi que, quoiqu'on se soit trompé dans la mise en équation, la solution n'en est pas moins utile, parceque l'erreur est facile à rectifier, sans qu'il soit besoin de recommencer le calcul ; mais souvent aussi, on est obligé de le refaire sur de nouvelles hypothèses ; car on ne peut se flatter d'avoir obtenu une véritable solution, que lorsqu'on est parvenu à trouver pour l'inconnue une valeur positive, puisqu'il n'y a en effet que les valeurs positives qui soient véritablement intelligibles, et que toutes les autres annoncent nécessairement une incompatibilité

14

entre les conditions données et les hypothèses sur lesquelles on a établi le raisonnement. Il faut donc changer ces hypothèses ou modifier les conditions du problème jusqu'à ce qu'on ait une valeur positive pour l'inconnue. Si l'équation a plusieurs racines, les unes positives, les autres négatives, il n'y a jamais que les premières qui puissent être prises pour de véritables solutions. Il faut appliquer à chacune des autres en particulier, ce qu'on a dit de la valeur négative de la racine lorsqu'elle est seule. Quelquefois même il arrive que ces racines sont absolument insignifiantes, et ne peuvent être considérées que comme de simples formes algébriques, qui ont été introduites dans le calcul par les transformations auxquelles l'équation s'est trouvée soumise dans le cours des opérations.

13. Nous venons de voir qu'on est souvent obligé d'employer dans le calcul, des quantités affectées du signe contraire à celui qu'elles devraient avoir; quantités que nous avons nommées inverses: mais il est un autre motif qui déterminerait à les employer, quand même on n'y serait pas obligé ; c'est l'avantage qu'elles procurent de pouvoir représenter par une seule et même formule, un système variable de quantités, dans tous les états où il peut se trouver. Ainsi, par exemple, sans ce moyen il faudrait quatre équations différentes pour représenter les quatre régions d'une courbe plane divisée par ses deux axes, et il en faudrait huit pour représenter une surface courbe; au lieu qu'en admettant les quantités inverses, la même équation sert pour les huit régions, en se réservant de changer à la fin du calcul le signe des quantités inverses ou affectées d'un faux signe, qui pourraient se trouver encore dans le résultat. Ainsi, par exemple, quoique les formules

$$\sin(a+b) = \sin a \cos b + \sin b \cos a ;$$
$$\cos(a+b) = \cos a \cos b - \sin a \sin b,$$

ne soient exactes que pour le premier quart de la circonférence ; on les regarde comme applicables à tous les cas possibles ; sauf à changer, suivant l'exigence des cas à la fin du calcul, le signe des cosinus des angles plus grands que le quart de circonférence ou plutôt, c'est par les signes mêmes dont les termes se trouvent affectés à la fin du calcul, qu'on juge si les angles appartiennent comme on l'avait supposé , ou s'ils n'appartiennent pas au premier quart de la circonférence.

14. Tout ce que j'ai dit jusqu'à présent ne regarde encore que les quantités inverses faussement appelées quantités négatives , puisque cette expression ne peut naturellement convenir qu'à celles qui sont réellement affectées du signe —, tandis que les quantités inverses se trouvent tantôt affectées du signe + et tantôt du signe —.

Les quantités négatives proprement dites, dont il reste à parler , ne donnent lieu à aucune difficulté , lorsqu'elles sont précédées de quantités positives plus grandes qu'elles; mais lorsque par l'effet d'une transposition, ou d'une autre transformation quelconque algébrique , on arrive à une quantité négative de cette espèce , isolée ou précédée d'une quantité positive moindre qu'elle, ou en général à une phrase algébrique qui indique des opérations inexécutables, on doit regarder cette phrase comme une simple forme qui n'a aucune signification réelle par elle-même , mais qui renferme néanmoins implicitement les rapports cherchés entre les quantités qui y entrent. Ce qu'il y a d'absurde ou d'inintelligible dans une pareille expression , étant censé amené par une transformation, doit disparaître par d'autres transformations; et c'est seulement lorsqu'on l'aura ramenée à une forme explicite, c'est-à-dire où toutes les opérations indiquées se trouveront possibles, que l'on pourra faire des applications utiles de cette formule ; jusque-là, on doit la regarder comme mise transitoirement sous une forme non significative , dans la seule vue de faciliter et d'abréger les opérations du calcul. C'est par la synthèse seule qu'on démontre les règles des signes en algèbre, c'est-à-dire , qu'on ne saurait les établir autrement que sur des expressions significatives; on ne prouve pas que $+ a \times - b = - ab$, mais on prouve que $+ a \times (B - b)$ est $aB - ab$, en supposant $B > b$; c'est ensuite par pure analogie, qu'en supposant $B < b$, ou même $B = o$, on en conclut que $+ a \times - b = - ab$, et qu'on étend ainsi cette règle algébrique à toute fonction significative ou non.

Les quantités simplement négatives doivent à cet égard être considérées comme les quantités imaginaires elles-mêmes ; c'est-à-dire , comme de simples formes algébriques, les dernières n'étant que les racines carrées des premières : si celles-ci étaient possibles , il n'y aurait aucune raison pour que les autres ne le fussent pas, car toute quantité effective doit avoir sa racine carrée; et si elle n'en a pas, c'est une preuve qu'elle est elle-même une quantité absurde : les unes et les autres ne diffèrent, à proprement parler, que par leurs différens degrés d'absurdité.

15. Voilà pourquoi c'est un travail important que celui des savans, qui se sont attachés à montrer que les résultats auxquels on est conduit par l'emploi de ces formes insignifiantes en elles-mêmes, ne diffèrent jamais de ceux qu'on obtient par d'autres tournures de calcul qui n'exigent pas qu'on s'en serve. Mais loin d'en conclure, qu'il faut rejeter les méthodes analytiques où l'on en fait usage; on prouve, par cette conformité même de résultats, l'avantage de ces méthodes, qui sont en général beaucoup plus courtes et plus faciles que celles qu'on pourrait leur substituer.

C'est même, à proprement parler, dans la faculté qu'on a d'employer en analyse ces formes négatives et imaginaires, que consiste le véritable caractère de cette science, et son avantage sur la synthèse qui n'a pas la même faculté : celle-ci est restreinte par la nature de ses procédés, elle ne peut jamais perdre de vue son objet ; il faut que cet objet s'offre toujours à l'esprit réel et net, ainsi que tous les rapprochemens et toutes les combinaisons qu'on en fait. Elle ne peut donc employer des quantités absurdes, raisonner sur des opérations non exécutables. Si elle fait usage de signes, c'est seulement pour aider l'imagination et la mémoire ; mais ces signes ne peuvent jamais être pour elle que de simples abréviations.

L'analyse au contraire a d'abord tous les moyens de la synthèse, et de plus, elle admet dans ses combinaisons des objets qui n'existent pas; elle les représente par des symboles, aussi bien que ce qui est effectif : elle mélange les êtres réels avec les êtres de raison; puis, par des transformations méthodiques, elle parvient à éliminer ou chasser ces derniers du calcul, après s'en être servi comme d'auxiliaires. Alors ce qu'il y avait d'inintelligible disparaît, et il ne reste que ce qu'une synthèse subtile aurait sans doute pu faire découvrir : mais ce résultat, on l'a obtenu par une voie plus courte, plus facile, et presque par pur mécanisme, lorsqu'il eût fallu de grands efforts pour y parvenir autrement. Tel est l'avantage de l'analyse sur la synthèse, et toute autre distinction entre l'une et l'autre paraît absolument illusoire.

Par la synthèse, dit-on, on cherche à passer du connu à l'inconnu ; au lieu que dans l'analyse on regarde comme connu ce qui ne l'est pas. Cela veut dire qu'en synthèse on cherche à exprimer tout de suite les inconnues en valeurs des données; et qu'en analyse au contraire, on commence souvent par exprimer les données en valeurs des inconnues, pour revenir ensuite à l'expression de celles-ci en valeurs des autres, à l'aide de transformations algébriques.

16. Mais cette distinction adoptée assez généralement sans qu'on l'ait approfondie, n'a rien de réel : il n'y a qu'à ouvrir tous les ouvrages d'une synthèse délicate, et l'on verra que le procédé qu'on attribue ici exclusivement à l'analyse, est également celui de la synthèse ; que dans l'une aussi bien que dans l'autre, on raisonne sur les quantités inconnues comme si elles étaient données, et que la vraie, la seule différence consiste, non en ce que l'une emploie des signes algébriques, et l'autre non, car l'une et l'autre en font usage, mais uniquement dans la nature des transformations algébriques qui suivent la mise en équation ; cette mise en équation appartenant elle-même exclusivement à la synthèse. Mais celle-ci ne peut se permettre, sans manquer à son essence, une transformation qui laisserait quelque quantité négative isolée dans un membre, ou qui indiquerait une opération non exécutable ; tandis que ces sortes de transformations sont très-familières à l'analyse, et sont pour elle une source féconde de découvertes, auxquelles la synthèse ne peut arriver que par des moyens longs et pénibles.

17. De tout ce qui vient d'être dit, je conclus,

1°. Qu'il n'existe de véritables quantités que celles qu'on nomme *quantités absolues*, auxquelles cependant on peut assimiler celles qu'on nomme *quantités positives*.

2°. Que l'expression de *quantités négatives* est prise par les algébristes dans deux acceptions essentiellement différentes, dont l'une s'applique aux quantités affectées du signe —, et l'autre aux quantités affectées du signe contraire à celui qu'elles devraient avoir.

5°. Que pour éviter l'amphibologie et l'obscurité qui peuvent résulter de cette double acception, il convient d'employer deux dénominations différentes, pour désigner ce qu'on appelle ordinairement *quantités négatives*, en réservant l'expression de *quantités négatives proprement dites*, aux quantités affectées du signe —, et en nommant, par exemple, *quantités inverses* celles qui se trouvent affectées du signe contraire à celui qu'elles devraient avoir.

4°. Que les *quantités négatives proprement dites* isolées, sont des êtres aussi absurdes que les quantités imaginaires elles-mêmes, qui ne sont autre chose que les racines carrées des premières; que les unes et les autres sont de pures formes algébriques qu'on emploie dans le calcul par simple analogie, comme si c'étaient de véritables quantités.

5°. Que le calcul ne devient significatif que lorsque par la suite des transformations opérées, on est parvenu à un résultat explicite, c'est-à-dire dans lequel toutes les quantités qui y entrent sont des quantités absolues, et où les signes n'indiquent plus aucune opération qui ne soit exécutable.

6°. Que c'est cet emploi des quantités négatives et imaginaires dans le calcul, qui constitue proprement ce qu'on nomme analyse, qui la distingue essentiellement de ce qu'on nomme synthèse, et qui seule donne à la première un si grand avantage sur l'autre.

7°. Que les quantités appelées ci-dessus inverses, annoncent toujours dans le calcul une erreur commise et une incompatibilité entre les conditions du problème et les hypothèses qu'on a faites pour la mise en équation.

8°. Que pour rectifier cette erreur, il faut nécessairement apporter quelques modifications, soit aux conditions, soit aux hypothèses, jusqu'à ce qu'il ne se trouve plus aucune contradiction entre elles ni par conséquent aucunes quantités inverses dans le résultat du calcul.

9°. Que pour opérer ces modifications, on peut attendre le résultat du calcul, parcequ'alors il arrive souvent que ces modifications s'y trouvent indiquées d'une manière assez simple, pour qu'on soit dispensé de recommencer le calcul.

10°. Que toute quantité inverse est la différence de deux autres quantités directes et dont la plus grande a été supposée la plus petite dans la mise en équation, et réciproquement.

11°. Que c'est dans cette dernière acception seulement, et non dans celles des quantités négatives proprement dites, qu'il faut entendre ce principe connu, que toute quantité qui de positive devient négative ou réciproquement, passe nécessairement par o ou par ∞.

12°. Qu'enfin cette distinction des quantités appelées communément négatives en *quantités négatives proprement dites* et *quantités inverses*, ne change rien aux procédés ordinaires du calcul, mais qu'elle fait simplement disparaître les contradictions et l'obscurité, qui résultent nécessairement de l'application d'une même dénomination à deux choses essentiellement différentes.

F I N.

Corrections et Observations.

Page 9 , *avant le problème III.* On a omis ici un problème qui y trouvait naturellement sa place ; c'est celui-ci : *Les six arêtes d'une pyramide triangulaire étant données , trouver la valeur d'une droite menée de son sommet à l'un quelconque des points de sa base supposé donné.* Je me contenterai d'indiquer ici la solution.

Puisque le point de la base est donné, on connaît sa distance à deux quelconques des angles de cette base ; et parconséquent, les sommets de ces deux angles, celui de la pyramide et le point donné, sont les quatre sommets d'une pyramide triangulaire, dont on connaît cinq arêtes, le sixième étant la droite cherchée. Cela posé, par le problème II, on a l'expression de la hauteur de cette pyramide en valeurs de ces six arêtes. Égalant donc cette hauteur à celle de la pyramide proposée, on aura une équation qui ne renfermera plus que les huit données, et l'inconnue qui est la distance cherchée.

Pages 13 , *lignes* 2 *et* 3 : il faut transporter à la fin de la ligne 2 le crochet de parenthèse qui est à la fin de la ligne 3.

Page 17, *ligne* 18 : au lieu du signe $+$ qui sépare les deux termes de la formule, *mettez* le signe $=$.

Page 18 , *lignes* 20 *et* 22 : au lieu de $\overline{AB}$, *mettez* $\overline{BA}$.

Page 19 , *ligne* 11 , *effacez le mot* cherché.

Page 47 , *à la fin*, on a omis d'ajouter que la formule, quoique du quatrième degré , peut toujours se résoudre comme celles du second ; attendu que les puissances impaires de l'inconnue ne s'y trouvent pas.

Page 80, *ligne* 9 : au lieu de points, *lisez* plans.

Page 83, *ligne* 10 : après si, *lisez* sur.

Pl. 1. Th. Transversales.

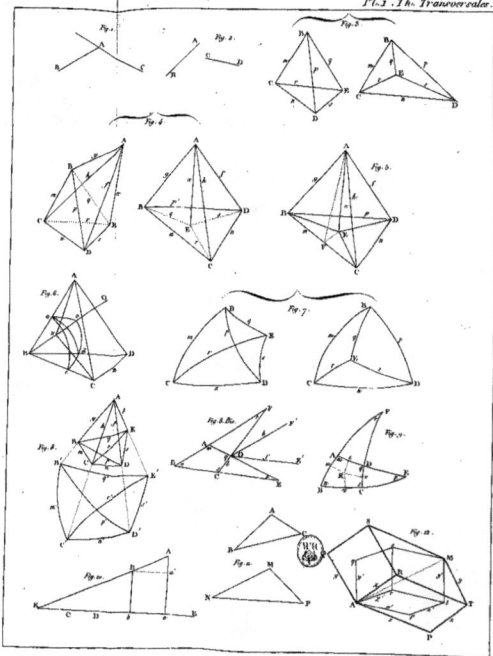

Fig. 1.

Fig. 2.

Fig. 3.

Fig. 4.

Fig. 5.

Fig. 6.

Fig. 7.

Fig. 8.

Fig. 8. Bis.

Fig. 9.

Fig. 10.

Fig. 11.

Fig. 12.

Pl. 2. Th. Transversales.

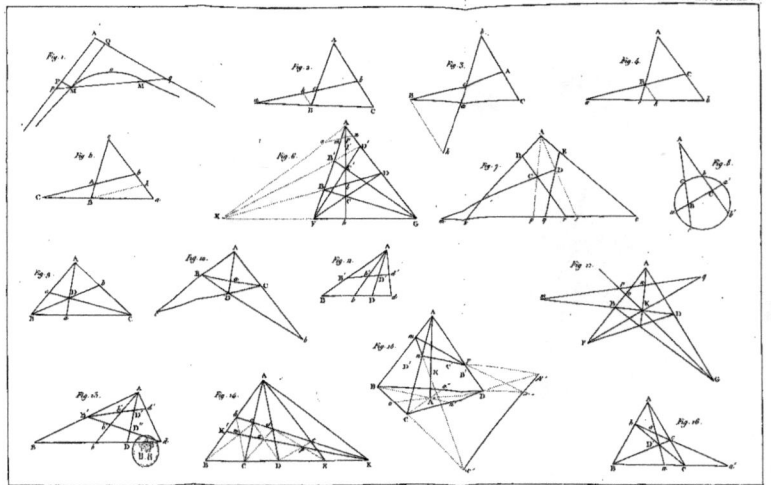

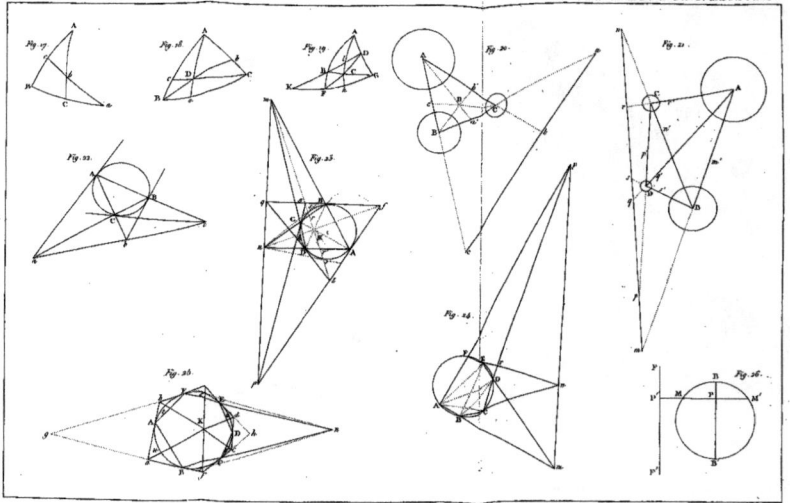

Fig. 17.
Fig. 18.
Fig. 19.
Fig. 20.
Fig. 21.
Fig. 22.
Fig. 23.
Fig. 24.
Fig. 25.
Fig. 26.